아침5분 메이크업 &헤어

ASA 5 HUN! HIMITSU NO BIWAZA 55
by Chiaki Niimi
Copyright © 2010 by Chiaki Niimi
All rights reserved.
Original Japanese edition published by Shufunotomo Co., Ltd.
Korean translation rights © 2011 by ABOUTABOOK Publishers
Korean translation rights arranged with Shufunotomo Co., Ltd., Tokyo
through EntersKorea Co., Ltd., Seoul, Korea

| 매일같이 바쁜 그녀를 위한 **마법의 시간** |

아침 5분
메이크업
& 헤어

니미 치아키 지음 | 위정훈 옮김

어바웃어북

머리말

전쟁 같은 그녀의 아침에
여유와 아름다움을

직장 여성들의 아침은 매일이 전쟁이다. 이런저런 메이크업이나 헤어 스타일 연출법을 알고 있어도, 바쁜 아침에는 막상 머릿속에서 끄집어내려 하면 뒤죽박죽되어 하나도 생각이 안 난다. 그러다보니 결국 늘 똑같은 화장, 똑같은 헤어스타일을 하게 된다.

하지만 아름답게 보이는 방법만 알고 있으면 아침 시간에도 단 5분 만에 훨씬 세련된 분위기를 낼 수 있다. 이 책에서 소개하고 있는 방법들은 얼핏 보기에는 '사소한' 방법일지라도, 그 효과는 절대 사소하지 않다. 이 책은 간단하지만, 반면 효과가 아주 큰 아름다움의 비법을 누구나 쉽게 따라해 볼 수 있게 모았다.

　가뜩이나 바쁜 독자들이 책을 읽는데 긴 시간을 투자할 필요가 없도록, 간략하게 구성했다. 출근길 지하철 안이나 사람을 기다리는 시간, 욕조에서 반신욕을 하는 동안 등 짧은 시간에 틈틈이 읽어도 충분히 비법을 익힐 수 있을 것이다.

　아침은 언제 새로운 하루의 시작이다. 오늘도 새로운 당신이 될 수 있는 수많은 기회가 눈앞에 펼쳐져 있다. 그런 하루의 시작인 아침에, 멋진 메이크업과 헤어스타일로 당신이 즐겁고 상쾌하게 첫 발을 내딛을 수 있기를 비래본다.

니미 치아키

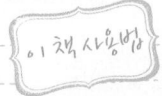

매일 아침 아름다움을 위해
투자해야 할 시간 단 5분!

　이곳에 수록한 55가지 방법들은 아침에 자신을 위해 쓸 시간이 많지 않은 여성들이 짧은 시간 안에 아름다워질 수 있는데 초점을 맞췄다. 아름다움을 위해 당신이 더 투자해야할 시간은 단 5분이다. 분초를 다투는 바쁜 아침에는 아무리 성능이 뛰어날지라도 사용방법이 복잡하고 시간이 많이 필요한 도구는 '그림의 떡' 같은 존재다. 실제로 많은 여성들의 화장대 안에는 구입하고 몇 번 사용하지 않고 처박아둔 도구들이 많다. 또한 전문가가 사용할 법한 특수한 화장품은 배제했다. 대부분의 여성이 가지고 있는 베이직한 화장품을 사용해 최대의 효과를 보는 방법을 고민했다.

　55가지 방법은 텍스트로 한 번 일러스트로 또 한 번 소개하고 있으니, 읽다가 '이거야!' 싶은 방법은 일러스트를 오려서 화장대에 붙여놓고 따라해 봐도 좋다.

　이 책에 소개된 55가지 방법 안에는 여러분이 화장품을 구매할 때 참고할만한 제품들을 뽑아놓았다. 하지만 책에 소개한 제품이 절대적인 기준은 아니니, 여러분에게 맞는 제품을 찾기 위한 노력을 게을리 하지 말아야 할 것이다.

　화장품은 내게 좋다고 해서 반드시 남에게도 좋을 수 없다. 피부 상태에 따라서, 선호하는 메이크업 스타일에 따라서 호불호가 달라질 수도 있는 것이 화장품이다. 또 내게는 제품의 단점이라 생각되는 부분이 누군가에게는 장점이 될 수도 있다. 예전에는 화장품을 구입할 때 판매원의 실명 밖에 참고할 것이 없었지만, 요즘에는 블로그나 쇼핑몰 등에 먼저 사용해본 사람들이 올린 생생한 리뷰가 제품 선택에 큰 도움이 된다. 그래서 이 책은 화장품을 소개할 때 제품에 대한 장점(Best)과 부족한 점(So So)에 대한 사용자들의 리뷰를 모두 실었다.

Contents

Chapter 1 SKIN CARE

Chapter 2 BASE MAKEUP

Chapter 3 POINT MAKEUP

Chapter 4 HAIR STYLING

Chapter 1

SKIN CARE

Morning **5 Minutes**
Makeup **&** Hair

Makeup & Hair

어둑어둑한 눈가가 환해지는

다크서클 지우개 마사지

아침이면 전날의 피로를 여실히 보여주는 다크서클. 평소처럼 컨실러로 커버할까 했더니 오늘은 왠지 다크서클이 조금 옅어진 것 같다. 이럴 때는 그 즉시 효과가 나타나는 '다크서클 지우개 마사지'로 어둑어둑한 눈밑 그림자를 쫓아내보자.

Step 1. 세안 후 스킨, 로션, 에센스나 크림 등으로 기초화장을 한 다음에 눈 주위에 에센스를 바른다. 눈 주위 피부는 민감하고 아주 얇기 때문에 섬세하게 다루지 않으면 금방 주름이 생겨버리므로 주의해야 한다. 마사지로 생기는 마찰이나 자극을 줄일 수 있도록 에센스를 충분히 바른다.

Step 2. 다크서클을 의식하면서 가운뎃손가락과 약손가락으로 눈 주위를 천천히 눌러준다. 눈동자 바로 아래에서 시작해서 눈꼬리에서 눈머리 순으로 천천히 누르면서 세 번 돈다.

Step 3. 관자놀이를 부드럽게 눌러준다.

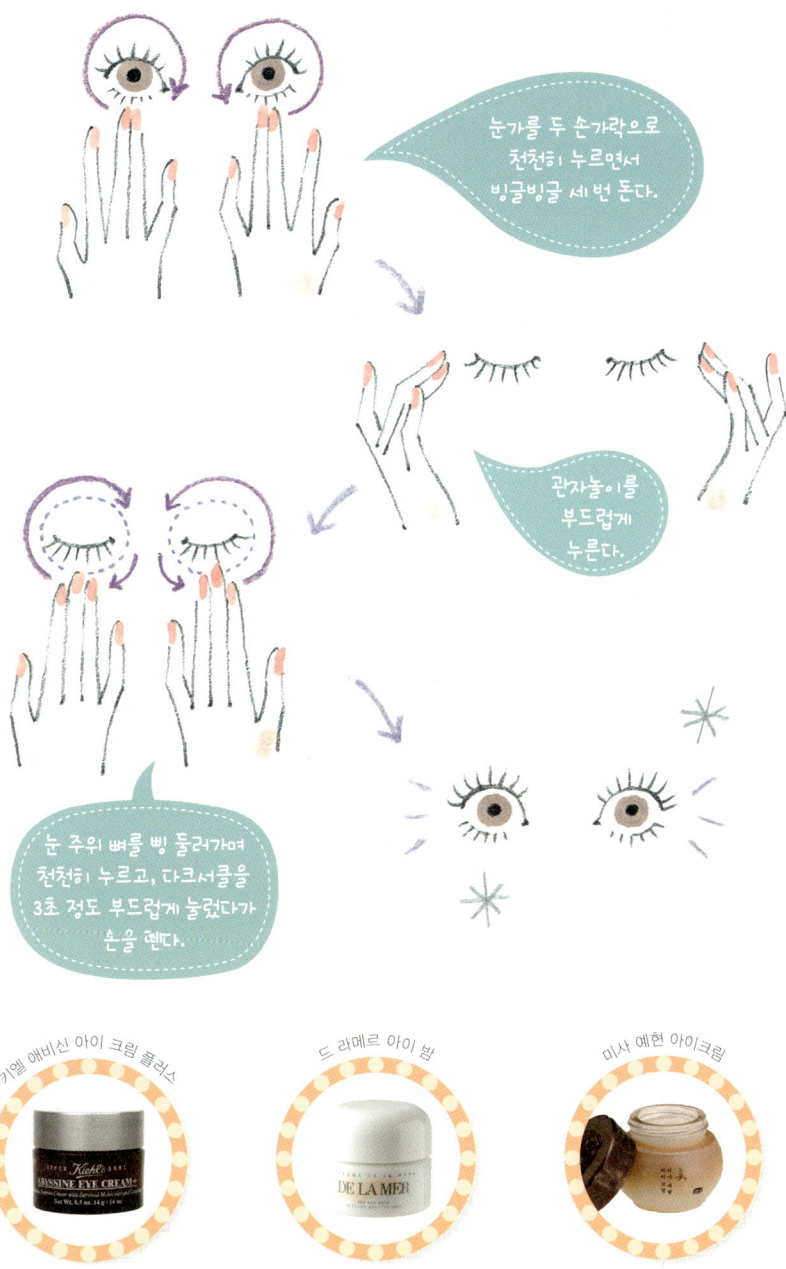

눈가를 두 손가락으로
천천히 누르면서
빙글빙글 세 번 돈다.

관자놀이를
부드럽게
누른다.

눈 주위 뼈를 빙 둘러가며
천천히 누르고, 다크서클을
3초 정도 부드럽게 눌렀다가
손을 뗀다.

키엘 애비신 아이 크림 플러스

드 라메르 아이 밤

미샤 예현 아이크림

Step 4. 눈 주위의 뼈를 확인하듯이 천천히 한 바퀴 돌아가면서 부드럽게 눌러준다. 마지막으로 다크서클 위를 3초 정도 지그시 누른 다음 손을 확 뗀다.

이렇게 하면 부은 눈 주위에 고여 있던 혈액의 순환이 약간 좋아져서 다크서클이 엷어지는 느낌이 든다.

이른 아침부터 촬영이 있는 날에는 모델들에게 반드시 하게 하는 마사지법이다. 다클서클 뿐만 아니라 눈의 피로까지 풀려 기분까지 아주 상쾌해진다. 1분 30초 정도면 끝나는 아주 간단한 마사지지만, 효과만큼은 아주 탁월하다.

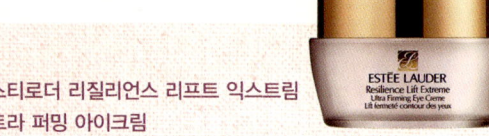

에스티로더 리질리언스 리프트 익스트림 울트라 퍼밍 아이크림

Best ★ 제형이 퍽퍽한데 바르면 사르륵 녹으면서 스며듭니다. 적은 양으로도 눈가가 충분히 촉촉해집니다. 아이크림은 답답해서 저녁에만 발랐는데, 이 제품은 흡수도 잘 되고 연한 분홍빛 펄이 다크서클을 가려줘서 아침저녁으로 사용합니다.
So So ★ 주름이 확 사라지는 드라마틱한 효과는 없어요.

미샤 니어스킨 이너 모이스트 뉴트리티브 에센스 NMF

Best ★ TV에서 10만 원 대 제품과 품질에 차이가 없는 걸로 소개돼 유명한 에센스입니다. 크림 같은 제형인데 아주 부드럽게 발립니다. 끈적이지 않고 촉촉함이 오래 남고, 향도 자극적이지 않고 순합니다.
So So ★ 지성피부에는 유분이 살짝 많은 것 같습니다. 여름보다는 봄, 가을에 더 잘 맞을 듯. 그리고 뚜껑을 닫을 때 앞뒤를 구분해야 해서 불편합니다.

설화수 윤조 에센스

Best ★ 엄마 걸 발랐다가 팬에 된 제품입니다. 수분과 유분의 밸런스가 정말 좋은 제품이라, 어떤 피부 타입에도 다 사용할 수 있어요. 사용 후 빠르게 흡수돼 겉도는 느낌이 없고, 피부 속 수분과 적당한 유분으로 채워진 느낌입니다. 그래서 그 뒤에 어떤 제품을 사용해도 부담스럽지 않습니다.
So So ★ 착한 가격은 아닙니다. 하지만 소량으로도 잘 흡수돼서 생각보다 꽤 오래 사용합니다.

찰떡궁합 vs 상극, '화장품 궁합'

매일매일 적게는 서너 가지, 많게는 수 십 가지 화장품을 얼굴에 바른다. 그런데 화장품에도 궁합이 있다. 따로 바르면 문제가 없지만 함께 바르면 독이 되는 화장품이 있다. 또 함께 사용하면 효과가 더 좋아지는 화장품도 있다. 화장품 간에 상호작용이 일어나기 때문이다. '많이 바르면 바를수록 좋아지겠지'라는 다다익선의 정신으로 화장품을 발라서는 오히려 피부가 더 안 좋아질 수 있다. 하나를 바르더라도 효과를 제대로 볼 수 있는 화장품 궁합을 알아보자.

화장품 종류		궁합	
레티놀	자외선차단제	☺	레티놀은 열에 매우 약해. 자외선차단제로 열을 막아주면 좋다.
레티놀	각질관리 (AHA, BHA)	☹	레티놀은 주름 개선뿐만 아니라 각질 제거 기능도 있다. 각질관리 제품과 함께 사용하면 피부에 자극이 된다.
레티놀	순수 비타민C	☹	각각의 성분이 자극성이 강해 피부에 부담을 준다.
각질관리	화이트닝	☺	각질을 제거하면 화이트닝 성분이 피부 깊숙이 침투한다.
비타민C	보습 제품 (수분)	☺	비타민C는 수분 공급 효과가 떨어지기 때문에 보습 제품을 발라준다.
비타민C	각질관리 (AHA, BHA)	☹	비타민C가 많이 함유된 제품과 각질관리 제품을 함께 쓰면 피부가 예민해진다.
모공관리	퍼밍 제품 (탄력)	☺	모공관리 제품과 퍼밍 제품은 모두 모공이 늘어지는 것을 막아준다.

화장품 종류		궁합	
모공관리 제품	안티에이징 제품	😕	피지를 억제하는 모공관리 제품과 유분이 많은 안티에이징 제품은 서로 기능을 방해한다.
여드름관리 제품	보습 제품 (세라마이드)	😊	여드름관리 제품은 피부를 건조하게 만들기 때문에 세라마이드가 포함된 보습제를 발라준다.
퍼밍 제품 (탄력)	보습 제품 (수분)	😕	얼굴의 부기를 제거하는 퍼밍 제품은 수분을 빨아들이기 때문에, 수분크림의 흡수를 방해한다.
여드름 전용 제품	각질관리 (AHA, BHA)	😕	여드름 전용 제품은 각질을 제거하는 기능도 있어 피부에 자극을 준다.
비타민C	비타민E	😊	비타민C는 공기 중에 노출되면 24시간 이내에 효과를 잃어버리지만, 비타민E가 유해산소의 공격을 차단해 흡수를 돕는다.
비타민C	알부틴	😊	알부틴은 멜라닌 생성을 억제하고, 비타민C는 이미 생긴 멜라닌을 없앤다.
비타민C	콜라겐	😕	콜라겐의 단백질 성분이 비타민C를 응고시킨다.

Makeup & Hair

대책 없이 건조한 피부에는

에센스 마사지 세수

아침에 일어나보니 얼굴이 심하게 당기고, 피부가 마치 콘크리트 같아서 스킨도 로션도 스며들지 않는다. 피부가 이런 긴급 메시지를 보낸다면, 물론 밤에는 수분을 보충하기 위한 스페셜 케어를 하겠지만 바쁜 아침에는 어떻게 해야 하나? 이런 날에는 아침에도 평소와 다른 스킨케어가 필요하다. 이럴 때 추천할 수 있는 것이 세안제 대신 에센스로 세수하는 '에센스 마사지 세수'다.

Step 1. 손바닥을 비벼서 따뜻하게 만든 다음, 에센스를 덜어서 체온으로 데운다. 얼굴 위에서 빙글빙글 원을 그리듯이 1분간 마사지를 한다.

Step 2. 미지근한 물로 얼굴을 씻어내면 밤새 피부 밖으로 나온 노폐물이 깨끗하게 떨어져 나가고, 피부가 촉촉하고 매끄러워진다. 그 다음에는 평소대로 스킨, 로션, 에센스 순으로 발라준다.

세수할 때 세안제 대신 에센스를 사용함으로써 유분을 적당하게 남겨 과도한 건조를 막는 방법이다.

여기서 주의할 점은 산뜻하고 가벼운 질감의 에센스를 골라야 한다는 것! 되직하고 무거운 크림 상태의 에센스를 사용하면 쓸데없는 마찰이 생겨 오히려 피부를 상하게 할 수도 있다. 또한 크림 상태의 에센스는 유분이 많기 때문에 피부 위에 기름막이 생겨서 물로 씻어낸 다음에도 끈적끈적할 수 있다.

에센스로 콧방울 주위를 열심히 마사지하면 각질예방 효과도 있다.

'세수는 세안제로!'라고 철석 같이 믿고 있다면, 꼭 한 번 시험해보길 바란다.

라네즈 워터뱅크 에센스

Best ★ 평소 수분크림을 발랐는데 아침에 화장할 땐 다소 무거운 느낌이 들어서 구입했습니다. 묽어서 잘 펴지고 사용감이 참 산뜻합니다. 속살까지 깊숙이 수분이 파고드는 느낌입니다. 용량도 60ml로 다른 에센스보다 많아서 오래 사용할 수 있습니다.

So So ★ 건성은 이 제품 하나로는 부족하고, 수분크림을 함께 사용하는 게 좋을 것 같아요.

에스티로더 어드밴스드 나이트 리페어 싱크로나이즈드 리커버리 콤플렉스

Best ★ 긴 이름보다는 '갈색병 에센스'라고 불리는 유명한 제품이죠. 소량을 잘 스며들도록 두드리며 천천히 발랐더니, 피부가 쫀쫀하다 못해 탱탱해진 느낌을 받았습니다. 끈적임 없이 쏙쏙 스며들고요. 한 병을 다 쓰고 나니 잡티도 연해지고 모공도 눈에 띄게 줄어들었습니다. 피부결도 좋아져서 화장도 착 밀착되네요. 이 제품을 쓰는 동안에는 피부가 늘 숙면을 취한 것 같아요.

So So ★ 단품 가격치고는 너무 비쌉니다.

키엘 울트라 페이셜 마이크로 세럼

Best ★ 건성이라 피부가 많이 당기는데, 이거 쓴 이후로는 한 겨울 칼바람에도 거뜬해요. 수분크림까지 바르고 자면 아침에 일어나면 피부가 보들보들해져 있어요.

So So ★ 향이 그다지 향기롭지는 않습니다.

이니스프리 그린티 씨드 세럼

Best ★ 세수하고 물기를 닦아내자마자 바르면 피부 깊숙한 곳부터 촉촉해지는 느낌이에요. 수분이 부족해서 피지로 번들거리던 피부가 이 제품을 사용하고 나서는 번들거림이 훨씬 덜 합니다. 일년 내내 사용해도 좋을 거 같아요.

So So ★ 처음 질감은 좀 무겁다 싶지만 쏙 흡수돼서 부담스럽지 않네요.

랑콤 제니피끄 액티베이터

Best ★ 제형이 로션처럼 묽은 편입니다. 잘 펴지고 흡수도 빨라 한 여름에 사용해도 전혀 부담스럽지 않습니다. 2주째 사용 중인데, 피부결이 확실히 매끈해진 느낌입니다. 피부가 촉촉해져서 각질도 몰라보게 줄어들었습니다.

So So ★ 스포이트가 짧아서 조금 남으면 잘 빨아 당기지 못합니다.

03
Makeup & Hair

건강한 복숭아빛 피부를 만드는
혈액순환 촉진 마사지

'얼굴이 퍼석퍼석한 게 윤기가 하나도 없네.'
피부가 푸석푸석할 때는 파운데이션을 발라도 잘 먹지 않고, 공들여 화
장을 해도 떠 보이기 마련이다.
이럴 때 추천하고 싶은 것이 바로 화장하기 전 짧은 시간에 할 수 있는
즉석 마사지다. 에센스로 마사지를 하기 때문에 건조함도 막고, 혈액순환
이 잘 돼 혈색이 좋아지고 자연스러운 윤기가 피부 안쪽부터 생겨난다.

Step 1. 스킨케어 마지막 단계에 양손을 30초간 비벼서 손바닥의 온도를
올린다.

Step 2. 미끈한 질감(너무 되직한 느낌이 아닌)의 에센스를 약간 덜어내
서, 손바닥의 온기로 데운다.

Step 3. 얼굴을 다음 순서대로 정성껏 마사지한다. 시간은 총 1분이면 충
분하다. 턱선부터 시작해서, 아래에서 위쪽으로 천천히 쓰다듬으며 올라
간다. 이어서 이마. 미간부터 이마의 주름을 편다는 생각으로 위쪽으로

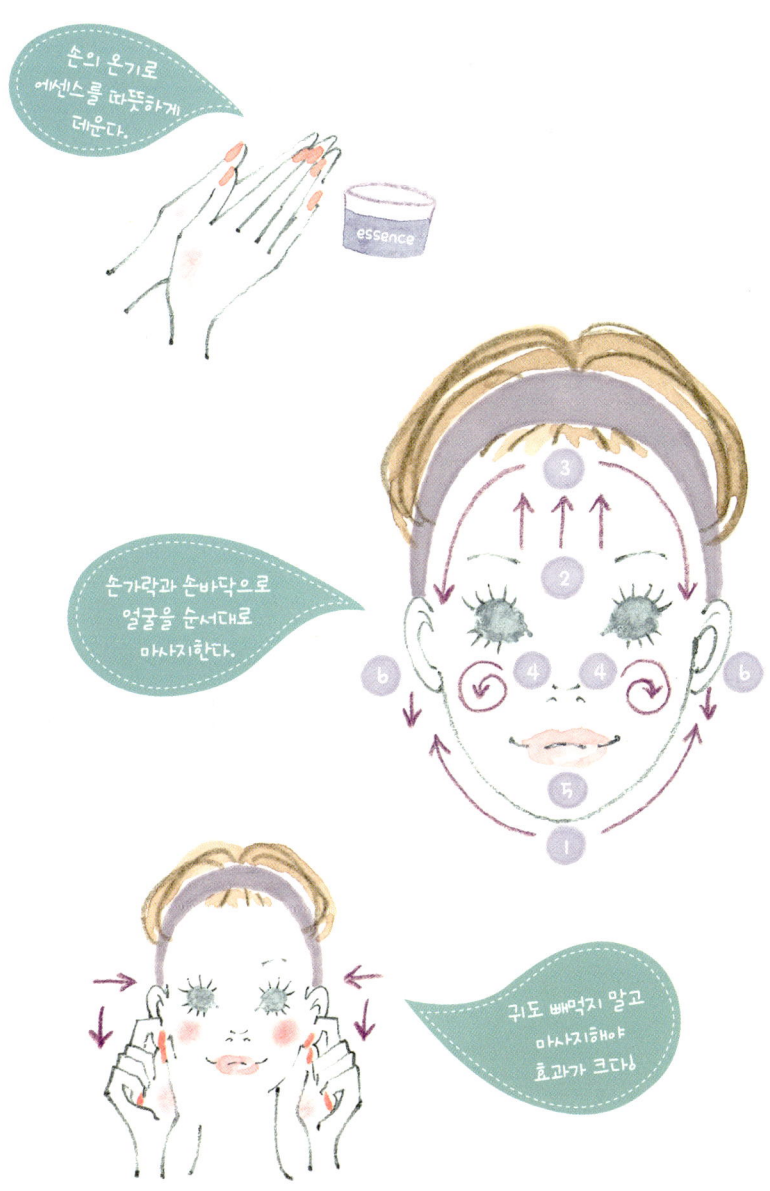

쓸어 올린다. 다시 이마에서 양쪽 관자놀이를 향해서 부드럽게 아래쪽으로 쓸어내린다. 이어서 뺨을 부드럽게 빙글빙글 돌려가며 마사지하고, 입술을 살짝 어루만진 다음 귀를 부드럽게 접었다가 잡아당긴다. 마지막으로 목을 천천히 돌리고, 엄지손가락으로 관자놀이를 지그시 눌러준다. 양손으로 목 뒤를 가볍게 통통 두드리면서 마사지를 끝낸다.

이 마사지는 혈액순환을 촉진해 자연스럽게 피부의 깊은 곳에서부터 예쁜 핑크빛이 생겨난다. 또 에센스를 잘 스며들게 하기 때문에 건조한 피부에도 효과적이다. 매일 아침 피부를 깨우는 알람시계로 에센스 마사지를 해보자.

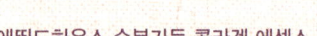

비오템 아쿠아수르스 수퍼 세럼
Best ★ 너무 묽지도 그렇다고 너무 무겁지도 않은 수분 에센스로 바르기엔 딱 적당한 제형인 것 같습니다. 바르면 바로 쏙 스며들어요. 끈적거리는 게 전혀 없고, 바른 부분을 만져보면 보들보들합니다. 게다가 청량한 향기까지, 왠지 이거 바르면 북극 심해저의 엄청 청정한 성분을 얼굴에 바르는 느낌이 듭니다. 유분기 없는 가벼운 느낌의 에센스를 찾고 있다면 딱인 것 같습니다.
So So ★ 건성피부인데 유분기가 없어서 많이 바르니 헤프네요.

에뛰드하우스 수분가득 콜라겐 에센스
Best ★ 지성피부라 산뜻한 걸 좋아하는데 적은 양으로도 촉촉하게 스며들고 전혀 끈적임이 없습니다. 가격이 저렴해서 부담 없이 듬뿍듬뿍 씁니다.
So So ★ 마개가 헐렁해서 마개만 잡고 들어 올리면 병이 뚝 떨어져 깨질 수 있습니다.

비엔나소시지처럼 통통 부은 눈꺼풀의 부기를 쏙 빼주는

온냉마사지

밤에 야식이라도 먹고 잔 다음날 아침이면 어김없이 눈꺼풀이 통통 부어 있다. 그제야 '야식을 안 먹을 걸'하며 후회해봐야 소용없다. 야식을 먹지 않아도 혈액순환이 잘 안 돼서 아침마다 얼굴이 온통 통통 부어 있는 사람들도 있다. 전문 모델들도 예외는 아니다. "곧 촬영 시작합니다"라는 외침이 들리는데, 모델의 눈은 붓기가 채 빠지지 않았을 때 현장에서 사용하는 긴급대처법이 있다.

Step 1. 먼저 따뜻한 스팀타월을 눈꺼풀 전체에 대고 30초 간 둔다.

Step 2. 이어서 차갑게 식힌 플라스틱 병을 대고 역시 30초 간 둔다.

이 과정을 두세 번 정도 반복하면 놀랍게도 눈꺼풀이 가라앉아 있다. 눈꺼풀이 부어 있으면 급한 마음에 얼음 마사지를 해서라도 당장 가라앉히고 싶겠지만, '냉법'만으로는 부기를 완전히 가라앉힐 수 없다. 눈꺼풀의 붓기는 혈액순환이 잘 안 되어 생기는 부종(浮腫)의 일종이다. 그래서 먼저 이 부위를 따뜻하게 해서 혈액순환을 원활하게 한 다음에, 차갑게 마사지해서 늘어난 혈관과 피부를 수축시켜야 한다.

차가운 플라스틱 병 대신에 냉장고에 차게 보관해둔 숟가락을 눈꺼풀 위

에 올려도 좋다.

스팀타월을
눈꺼풀 위에 30초간
올려서 뭉친 혈액을
풀어준다.

차가운 페트병을
눈꺼풀 위에 30초간 올려서
늘어난 혈관과 피부를
수축시킨다.

차가운 페트병

스팀타월

에뛰드하우스 민트 쿨링 아이스크림

Best ★ 아침에 부은 눈 주변에 바르면 시원해지면서 붓기가 빠지는 것 같아요. 그리고 다크서클도 좀 환해지네요.

So So ★ 많이 바르면 눈이 아프고, 판다곰처럼 눈 주변이 파랗게 변해요.

아이스 안대

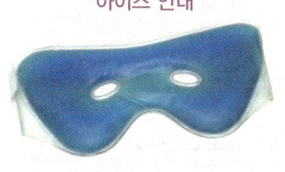

아토피샵 수딩 쿨러

Best ★ 스프레이타입으로 분사하면 살얼음이 무스처럼 나옵니다. 아토피 전용 제품이라 피부 진정효과도 탁월하고 보습력도 뛰어납니다.

So So ★ 분사할 때마다 빨대를 꽂아야 하는 점이 불편하네요.

5 minutes Beauty Talk

전자레인지에 30초면 스팀타월이 뚝딱!

수건에 물을 적신 다음 랩으로 싸서 전자레인지에 30초만 돌리면 집에서도 간단하게 스팀타월을 만들 수 있다. 스팀타월은 수건의 열기로 각질을 불리고 모공을 열어 피부 속 노폐물을 제거하는데 효과적이다. 하지만 너무 자주하면 피지가 지나치게 많이 제거돼 트러블이 생길 수 있으니, 주 1~2회 정도만 사용하자. 또 반드시 사용하기 전에 팔 안쪽에 대서 온도를 확인해야 한다.

사막처럼 바짝 마른 피부를 오아시스처럼 촉촉하게

화장솜 팩

날씨가 건조하거나 직사광선을 오래 쐬었거나 피곤하면 피부가 퍼석퍼석해진다. 이럴 때는 아무리 스킨을 덧발라도 피부가 마치 사막처럼 메말라서 촉촉한 느낌이 전혀 없다. 건조하다고 비명을 지르고 있는 피부에 수분을 머금은 듯 촉촉함을 주는 '화장솜 팩'을 해보자.

Step 1. 깨끗이 세안을 한 다음 화장솜에 스킨케어용 물이 충분히 스며들게 적신다. 화장솜을 이마, 뺨, 코 등 건조한 느낌이 드는 부분에 3분간 붙이고 1차 팩을 한다. 스킨케어용 물은 입자가 고와서 피부에 빨리 침투하기 때문에 효과적이다. 이런 물이 없을 때는 생수를 사용해도 좋다.

Step 2. 이번에는 평소에 사용하는 스킨을 화장솜에 듬뿍 적셔 마찬가지로 건조한 부분에 3분간 붙이고 2차 팩을 한다. 3분이 지나면 화장솜을 떼어내고 에센스를 발라 마무리한다.

'겨우 이것뿐이야?' 하는 생각이 들 정도로 간단한 방법이지만, 물로 1차 팩 한 덕분에 그 다음에 바르는 스킨이 피부에 잘 침투된다.

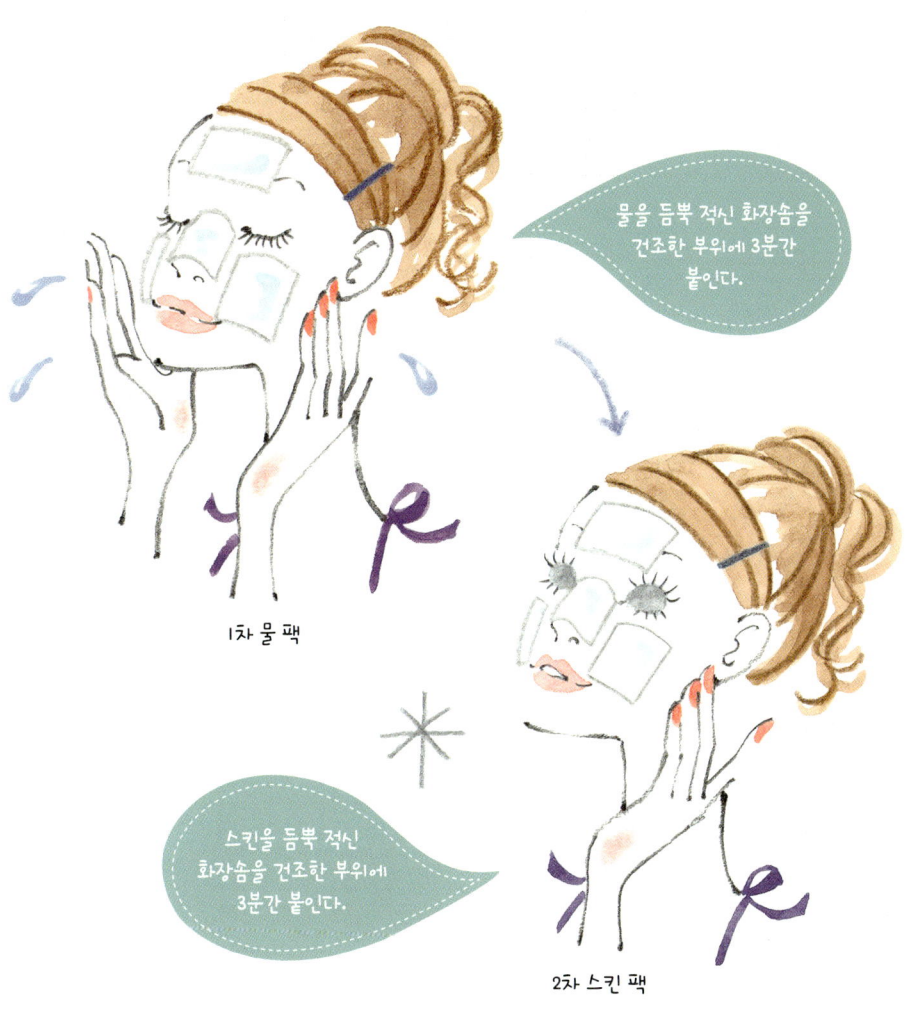

물을 듬뿍 적신 화장솜을 건조한 부위에 3분간 붙인다.

1차 물 팩

스킨을 듬뿍 적신 화장솜을 건조한 부위에 3분간 붙인다.

2차 스킨 팩

필요한 것은 화장솜 몇 장과, 물, 평소 사용하는 스킨뿐이다. 스킨을 여러 번 덧바를 때보다 훨씬 소량으로 팩을 하기 때문에 경제적이며, 방법도 간단하다. 아침뿐만 아니라 밤에도 강력 추천하는 테크닉이다.

라네즈 파워에센셜 스킨 리파이너 라이트

Best ★ 점성이 거의 느껴지지 않는 제형입니다. 끈적이지 않고 빠르게 흡수되고, 에센스를 사용한 듯 촉촉합니다. 더운 여름에는 냉장고에 넣었다가 사용하면 정말 좋아요.

So So ★ 알코올 냄새가 살짝 납니다.

에비앙 워터 스프레이

Best ★ 향은 거의 없고 곱고 부드럽게 분사됩니다.

So So ★ 화장품 브랜드의 미스트에 비해 좀 건조한 편입니다. 뚜껑이 작아서 열기 불편하네요.

클라란스 토닝 스킨 로션

Best ★ 흡수가 빠르고, 촉촉하면서도 산뜻합니다. 세안 후 화장솜에 적셔 닦아내면 클렌징 잔여물이나, 수건에서 묻은 먼지 등을 말끔히 닦아줍니다. 무알코올이라 자극적이지 않고, 허브향이 상쾌합니다.

So So ★ 입구가 너무 넓어서 양 조절하기 어려워요.

싸이닉 올 데이 파인 포어 토너

Best ★ 화장솜을 토너에 푹 적셔서 3분 정도 코나 뺨 등 모공이 늘어진 부위에 올려놓으면, 일시적이지만 즉각적으로 모공이 축소되는 효과가 있습니다. 그리고 파우더가 들어 있어서 번들거림을 잡아줍니다. 250ml로 용량도 많은데 가격까지 아주 착하네요.

So So ★ 민감한 피부에도 트러블 없이 순하지만, 건성인 제 피부에는 많이 건조하네요.

아벤느 온천수 스프레이

Best ★ 순해서 예민한 피부에도 좋네요. 분사력도 좋고, 뿌리면 금방 시원해지는 게 세수한 것처럼 개운합니다.

So So ★ 물로 된 것이라 스킨에 비해 자극이 없어 좋지만, 뿌리고 나면 빨리 건조해지는 것 같아요.

SK-II 페이셜 트리트먼트 에센스

Best ★ 건조한 피부에는 번들거림이나 끈적임 없이 촉촉함이 정말 오래 유지되고, 트러블이 쉽게 생기는 피부는 자극 없이 트러블을 가라앉혀 주면서 피부 속부터 건강하게 바뀌는 것 같습니다. 피부톤도 점점 화사하고 균일하게 변해가고요. 스킨같은 제형이라 여러모로 활용하기에 좋습니다. 스프레이 용기에 담아서 가지고 다니면서 수시로 뿌려주면 화장도 들뜨지 않고 촉촉하게 유지할 수 있습니다. 그리고 화장솜에 충분히 적셔 팩처럼 올려두면 건조했던 피부가 팩을 한 것처럼 촉촉해집니다.

So So ★ 효모 추출액 향이라는데 결코 향기로운 향은 아니라서 적응하는데 한 참 걸립니다.

시트 마스크 붙이고 오래 두면 안 붙이느니만 못해

피부가 푸석푸석 엉망인데 몸은 너무 피곤하고, 피부관리실에 가기에는 비용이 만만치 않다. 이럴 때 사용할 수 있는 것이 시트 마스크다. 10~20분을 투자하면 바로 효과를 볼 수 있고, 얼굴에 붙였다가 떼어내면 되니 편해서 좋다. 상비약처럼 평소 준비해두면 면접, 소개팅, 친구 결혼식 등 특별한 날 전날 밤에 쉽고 빠르게 스페셜 케어를 할 수 있다. 하지만 시트 마스크의 효과를 높이기 위해서는 몇 가지 규칙을 지켜야 한다.

1. 얼굴은 따뜻하게, 시트 마스크는 차갑게!

시트 마스크는 그냥 붙이는 것보다 냉장고에 넣어두었다가 차가운 상태로 붙이는 것이 좋다. 모공이 수축되면서 얼굴의 붓기도 뺄 수 있기 때문이다. 또 목욕이나 샤워 후에 붙이면 혈액순환이 잘 돼 에센스 성분이 더 쏙쏙 흡수된다.

2. 피부가 민감하다면 순면 소재 시트를 사용!

실크, 면, 겔 등 시트의 소재는 아주 다양하다. 겔 타입은 피부에 잘 밀착돼 에센스 성분이 증발되는 것을 막는다. 하지만 피부가 민감한 사람은 순면 소재의 시트를 선택하는 것이 좋다.

3. 시트 마스크를 붙이고 20분 넘기지 말기!

시트 마스크를 붙이고 잠을 자는 사람들이 있는데, 시트를 붙이고 20분을 넘기지 않는 게 좋다. 시트 마스크가 말라 건조해지면 피부 표피층의 수분까지 시트에 흡수되어 증발되기 때문이다. 또 밤새 붙이고 자면 피부가 숨을 못 쉬어 피부염이나 알레르기 등이 생길 위험도 있다. 시트가 완전히 건조되기 전, 20분 안에 떼어내자.

4. 너무 자주 사용하면 오히려 피부를 자극!

시트 마스크를 매일 사용해도 되는 걸까? 수분 시트 마스크는 매일 사용해도 상관없다. 하지만 미백 또는 각질 제거 성분이 들어 있는 화이트닝 시트 마스크나, 모공 축소 기능의 시트 마스크는 매일 사용하면 피부에 자극을 줄 수 있다. 고기능 제품은 특별한 자극이 없더라도 2~3일에 한 번 정도 꼴로 사용하는 것이 바람직하다. 흡수된 성분이 피부에 작용하는 시간이 필요하기 때문이다.

5. 세안 후 유분 없는 스킨만 바르고 사용!

시트 마스크에는 일반적으로 에센스, 세럼, 크림과 동일한 성분이 함유되어 있다. 흡수율을 높이기 위해서는 세안 후 스킨으로 피부 결만 정돈해준 상태에서 사용하는 것이 좋다. 유분이 함유되어 있는 로션 타입의 스킨은 피부에 막을 형성하므로 피하는 것이 좋다.

Makeup & Hair

입가의 팔자주름을 지우는
아에이오우 마사지

나이가 들면서 입가에 뚜렷이 생겨나는 '팔자주름'. 수다를 떨면서 많이 웃은 다음 날에는 특히 입가 주름이 더 움푹 파인 것 같아 마음껏 웃지도 못하겠다. 무리하게 다이어트라도 하면 고랑이라도 파인 듯 주름이 깊어진다. 팔자주름이 있으면 공들여 화장을 해도 몇 시간만 지나면 화장이 갈라지기 때문에 여간 신경 쓰이는 것이 아니다. 주름 신경 쓰지 않고 온종일 마음껏 웃기 위해서라도, 팔자주름은 아침에 확실히 해결하자.

Step 1. 세수를 하고 스킨을 바른 뒤 화장을 하기 전에 볼이 빵빵해지도록 입안 가득 바람을 불어 넣는다.

Step 2. 팔자주름이 확실하게 펴졌을 때 로션이나 에센스를 바르고 검지와 가운뎃손가락으로 빙글빙글 마사지한다.

Step 3. 과감하게 표정근육을 움직이면서 '아에이우, 에오아오'라고 소리 내어 발음한다. 입은 얼굴 근육이 당길 정도로 크게 벌린다.
이 과정을 3회 반복한다.

팔자주름의 원인은 볼의 근육이 느슨해진 것이므로 표정근을 강화시키는 것이 중요하다. 푹 꺼진 볼과 깊은 팔자주름은 통통한 젖살과 대비되는 노화의 상징이기도 하다. 요즘 인기 있는 동안 얼굴을 위해서라도 아침뿐만 아니라 밤에 스킨케어를 할 때도 꼭 해주면 좋다.

key items

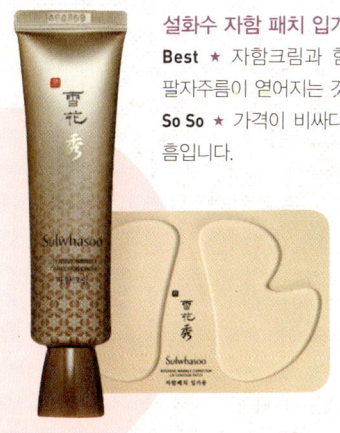

설화수 자함 패치 입가전용
Best ★ 자함크림과 함께 쓰면 팔자주름이 옅어지는 것 같아요.
So So ★ 가격이 비싸다는 게 큰 흠입니다.

키엘 애비신 아이 크림 플러스
Best ★ 바르고 두드려서 흡수 시키면 언제 발랐나 싶게 금방 뽀송뽀송해져요. 옅은 주름이 조금 줄어든 느낌입니다. 눈가도 탱탱해진 것 같고요.
So So ★ 크기가 너무 작아서 처음에는 샘플인 줄 알았어요.

더 페이스샵 스페셜 존 케어 깊은 八자 라인 마스크
Best ★ 겔 타입이라 면 시트 마스크보다는 더 팽팽해지는 느낌이 듭니다.
So So ★ 즉각적인 효과는 있으나. 오래 가지는 않네요.

07
Makeup & Hair

얼굴의 베개 자국을 말끔히 없애는
스피드 족탕

"으악! 이게 뭐야! 얼굴에 베개 자국이 또렷하잖아."
회사나 학교에 도착할 무렵에는 부디 사라져 있기를 바라는 수밖에 없다
고? 팔짱 끼고 기다리기만 할 것이 아니라 베개 자국을 적극적으로 지워
보자. 아침에 출근준비를 하면서 병행할 수 있는 방법이라 시간이 많이
걸리지도 않는다.

식사나 화장을 하면서 세숫대야에 40도 정도의 뜨거운 물을 받아서 족
탕을 한다. 얼굴에 베개 자국이 남는 이유는 밤새 혈액이 잘 순환하지 못
해서 얼굴이 부었기 때문이다. 족탕을 하면 전신이 후끈후끈 따뜻해지고
정체되어 있던 혈액이 잘 순환하면서 얼굴색도 좋아진다. 그리고 또렷했
던 베개 자국도 천천히 사라진다.

족탕이라면 목욕이나 샤워보다 짧은 시간에 끝나고, 효과적으로 몸을 따
뜻하게 할 수 있다. 또 찌뿌둥한 몸이 기분 좋게 깨어나 하루를 상쾌하게
시작할 수 있다. 뜨거운 물에 아로마오일을 몇 방울 떨어뜨리면, 아로마
테라피 효과도 볼 수 있다.

촬영 현장에서 '뭉친 근육이 짧은 시간에 풀리고, 피부가 좋아진다'며, 화장을 하는 동안에 반신욕을 하는 여배우가 있다. 그녀의 말처럼 혈액순환이 잘 되면 확실히 피부톤도 밝아지고 윤기가 생겨서 화장이 훨씬 잘 받게 된다.

바쁜 아침, '스피드 족탕'으로 삶은 달걀처럼 매끈매끈한 피부가 되어보자.

5 minutes Beauty Talk

향기로 아름다워지는 아로마테라피

족욕, 반신욕에 아로마오일을 잘 활용하면 향기로 건강과 아름다움을 조율할 수 있다.

- **레몬그라스** : 우울증, 소화불량을 개선하고 여드름을 완화하고 모공을 축소한다.
- **라벤더** : 불면증과 두통을 치료하며 피부 재생효과가 있다.
- **로즈우드** : 세포 재생효과가 있어 상처 치료에 좋고, 건성이나 염증이 있는 피부에 효과적이다.
- **만다린** : 마음을 안정시키고 피부톤을 생기 있게 만든다.
- **샌들우드** : 긴장을 해소하고 노화 방지, 알레르기성 염증을 치료하는 데 효과적이다.
- **스피어민트** : 스트레스와 긴장을 완화하고 호흡기 질환에 효과적이다.
- **자스민** : 우울 · 무기력증을 해소하고 피부 탄력을 강화시킨다.
- **티트리** : 화농성 피부나 여드름을 치료하고 면역기능을 강화시킨다.

Makeup & Hair

화장을 한 뒤 각질이 올라올 때는
로션 응급 케어

감기나 꽃가루 알레르기로 콧물 때문에 고생한 다음 날이나 심하게 건조한 날에는 아무리 열심히 보습을 해도 코 밑이나 입 주위에 각질이 가라앉지 않는다. '그렇다고 화장을 해버린 얼굴에 보습 크림을 바를 수는 없고, 참아야지!'
화장을 했다고 해서 보습 제품을 덧바를 수 없는 것은 아니다. 이럴 때는 로션을 사용해서 응급 케어를 해보자.

Step 1. 화장을 한 다음, 버석버석 각질이 있는 부분에 유분이 많은 타입의 로션을 가볍게 바른다.

Step 2. 그 위에 파우더를 덧바르지 말고, 두 손을 비벼서 따뜻하게 만든 다음 로션이 부드럽게 밀착되도록 손으로 눌러준다. 이렇게 하면 아침에 바른 파운데이션과 로션이 깔끔하게 어우러진다.

이런 방법이라면 화장한 후에도 2, 3회 정도는 보습 제품을 덧발라도 상관없다. 실내가 건조한 비행기를 장시간 타야 할 때도 유용한 방법이다.

따뜻하게
덥힌 손으로 로션을
데운다.

로션을 바르고
손으로 꾹꾹 눌러 로션과
파운데이션의 밀착력을
높여준다.

로션이 잘 스며들면 그 위에 매트한 파운데이션을 바를 수도 있으므로 화장을 고칠 때도 활용해보자.

key items

크리니크 드라마티컬리 디퍼런트 모이스처라이징 로션

Best ★ 로션을 바르고 마지막에 손바닥으로 얼굴을 톡톡 두드리면 남김 없이 얼굴 깊숙이 완벽하게 침투! 잠시 후에 신기하게도 얼굴에서 물이 솟아오르는 듯한 느낌이 듭니다.
So So ★ 산뜻한 편이지만 유분감이 있어 지복합성 피부라면 T존에는 다른 제품을 사용하는 게 좋을 것 같아요.

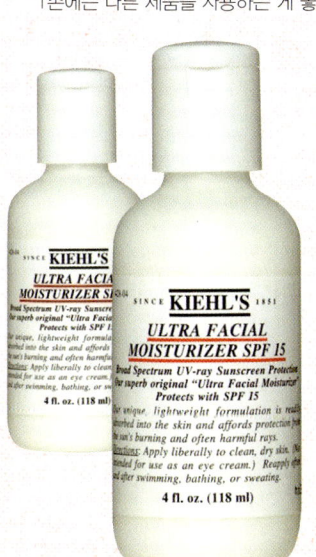

키엘 울트라 페이셜 모이스처라이저

Best ★ 소량만 얼굴에 펴 바르면 금세 피부에 싹 스미는 것이 피부가 스펀지가 된 것 같았어요. 스킨 다음에 이 제품 하나만 바르고 메이크업을 해도 들뜨지 않습니다. 오후에 피부가 당긴다 싶을 때 미스트 대신 이 제품을 소량 손바닥에 잘 편 후 얼굴에 누르듯 두드리면 메이크업이 들뜨거나 밀리는 현상 없이 피부에 싹 스며들어 금세 건조함을 해소할 수 있습니다.
So So ★ 민감성 피부인데 일주일 정도 피부 적응 기간이 필요했어요.

이니스프리 그린티 미네랄 미스트

Best ★ 건조함이 느껴지는 부위에 뿌리고 톡톡 두르려주면 잘 흡수되고 금방 촉촉해집니다. 150ml, 50ml 두 가지가 있어 용도에 맞게 선택할 수 있어 좋습니다.
So So ★ 분사 범위가 넓어서 잘 조절하지 않으면 옷이나 머리카락에도 미스트가 뿌려집니다.

Makeup & Hair

바싹바싹 건조한 입술이 보들보들해지는

1분 입술팩

겨울이나 봄처럼 건조한 날씨에는 입술이 바싹바싹 마르고 각질이 하얗
게 일어난다. 급한 마음에 각질을 손으로 잡아뗐다가 피를 보는 일도 다
반사다. 이 상태에서 립스틱이나 립글로스를 바르면 따끔따끔 아프고 건
조함이 더 두드러진다. 골칫덩이 입술 각질은 '1분 입술팩'으로 말끔히
해결하자.

Step 1. 보습 성분이 풍부한 립밤을 입술에 충분히 바른다.

Step 2. 비닐 랩을 입술보다 약간 크게 자른 다음, 입술에 딱 달라붙게 붙
여 놓는다.

Step 3. 1분 정도 지나면 랩을 떼어내고, 립밤을 휴지로 가볍게 닦아낸다.

Step 4. 각질이 남아 있으면 면봉을 입술 위에서 좌우로 빙글빙글 돌린다.
껍질이 말끔히 떨어져나가고 깨끗한 입술로 돌아온다.

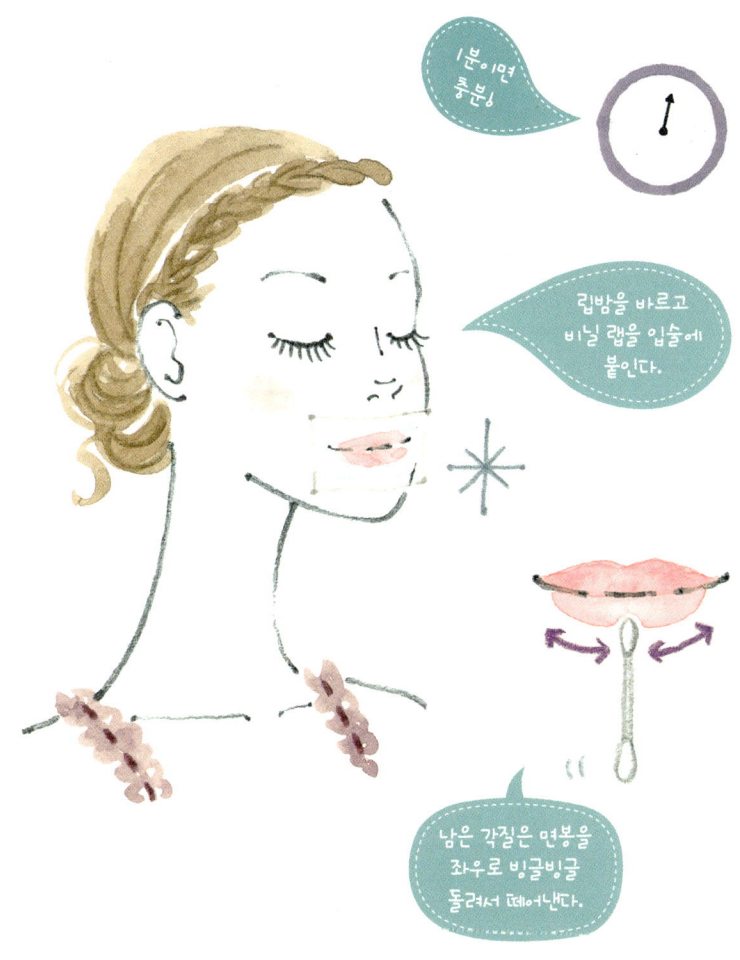

이제 립스틱이나 립글로스를 바르면 세로 주름도 두드러지지 않고 립 제품도 생기 있게 발색된다. 날씨가 아무리 건조해도 말끔하고 육감적인 입술로 멋진 하루를 시작해보자.

키엘 립밤

Best ★ 항상 입술이 건조해서 좋다는 립밤을 많이 써봤지만 이 제품이 가장 좋았습니다. 키엘 립밤을 바르고 자면, 아침에 일어나서 세수할 때 손으로 입술을 문지르면 각질이 떨어져나가 입술이 정말 부드럽고 탱탱해져요.

So So ★ 바세린처럼 노란빛이 돌고 연고 같은 냄새가 납니다. 그래서 화장품이라기보다는 입술 보호를 위한 치료제라는 느낌이 들어요.

더 바디샵 본 리피 립밤

Best ★ 립글로스보다 보습효과는 뛰어난 반면, 발색은 약합니다. 바르면 약간 광택이 있어 립글로스 대용으로 사용하기에도 무난합니다.

So So ★ 침이 고일만큼 달콤한 과일향이 아주 진하게 납니다. 소녀 취향의 향이라 경우에 따라 다소 부담스러울 수도 있습니다.

로즈버드 스트로베리 립밤

Best ★ 건조한 계절만 되면 입술이 갈라지고 피가 나서 안 써본 립밤이 없을 정도에요. 지금껏 쓴 립밤 중 가장 산뜻하고 가장 촉촉합니다. 95% 이상 천연 원료로 만들어서 팔꿈치나 손톱 등 건조한 부위 어디에나 사용이 가능합니다. 달콤한 딸기향도 좋고요. 용량도 생각보다 많아서 오래 사용합니다.

So So ★ 뚜껑이 헐거워서 파우치 안에서 잘 열려요.

유리아주 스틱레브르

Best ★ 약국에서 권해준 립밤입니다. 입술 속까지 건조함을 싹 잡아주는 게 겉만 촉촉하게 해주는 중저가의 제품들과는 확연한 차이가 있습니다. 바르고 금방은 큰 차이를 못 느끼지만, 몇 시간 후면 차이를 느낄 수 있습니다. 가을 겨울철 필수품입니다!

So So ★ 색상이 전혀 없습니다. 그래서 남자들도 많이 사용하는 것 같아요.

바비브라운 립밤

Best ★ 손으로 조금 찍어서 입술에 바르면 얇은 막이 씌워진 것처럼 입술이 매끈해집니다. 또 끈적거리거나 번들거리지 않으면서 아주 촉촉합니다. 각질이 심할 때는 바르고 어느 정도 시간이 지나면 각질이 부드러워집니다. 그때 쓱 닦아내면 각질이 말끔히 제거됩니다. 이 제품 바르고 립스틱이나 립글로스를 바르면 부드럽고 깨끗하게 발립니다. 약하지만 자외선도 차단되네요.

So So ★ 3만 원 대인 가격을 생각하면 좀 망설여집니다.

입술에 무심결에 바르는 침이 주름을 만든다!

입술은 피부가 얇고 피지가 분비되지 않기 때문에 수분을 보호해주는 막이 거의 없어 쉽게 건조해진다.

입술에 수분을 보충하기 위해서는 물을 자주 마셔야 한다. 그리고 물이 묻었을 때는 휴지로 톡톡 눌러 닦아서 수분이 증발되는 것을 막아야 한다. 입술이 자주 트고 건조한 사람 중에는 습관적으로 입술에 침을 바르는 경우가 많다. 침은 피부 세포 속에 있는 수분까지 끌어당겨 증발시키기 때문에, 오히려 입술을 더 건조하게 만든다.

입술 역시 자외선에 약하다. 겨울 뿐만 아니라 한 여름에도 자외선차단 기능이 있는 입술보호제를 수시로 바르는 것이 좋다. 메이크업 후에는 전용 리무버로 잔여물이 남지 않도록 깨끗이 닦아낸다. 담배나 맵고 짜고 자극적인 음식이 입술에 닿는 것도 해롭다. 또 식사 후에 휴지로 입술을 문지르거나 각질을 손으로 뜯는 것은 금물이다. 강한 마찰은 입술을 거칠게 해 주름의 원인이 된다.

버츠비 비즈왁스 립밤
Best ★ 우선 천연재료로 만들어서 안심입니다. 입술에 바르면 박하향이 시원하게 나면서, 잠시 화한 느낌이 듭니다. 심하게 갈라져서 피가 나는 입술도 이 제품을 바르고 하루 밤 자고나면 아주 부드러워집니다.

So So ★ 제품은 아주 마음에 드는데, 뚜껑을 열고 손으로 바르는 게 좀 불편하네요. 손톱이 조금만 길어도 끼고, 사용하다 보면 먼지가 들어가서 내용물이 지저분해질 때가 있거든요.

페리페라 원더 톡 립밤
Best ★ 보습력도 좋고, 같이 들어 있는 립마사지봉으로 입술을 문지르면서 마사시 해주면 입술이 도톰해 집니다.

So So ★ 보습제 역할에 충실합니다. 발색은 아주 약해서 색상 간에 큰 차이는 못 느끼겠습니다.

Makeup & Hair

비 오는 날에도 잘 지워지지 않는 메이크업을 위한

기초탄탄 베이스메이크업

아침부터 부슬부슬 비가 내린다. 습도 때문에 얼굴이 기름기로 번들거리거나 화장이 지워지는 등, 우울한 기분이 두 배가 된다. 이런 날 해볼 수 있는, 화장이 잘 지워지지 않는 간단한 테크닉과 편리한 아이템을 소개한다. 테크닉의 포인트는 화장품이 충분히 스며들 때까지 기다리는 것이다. 한 층 한 층 정성껏 포개서 쌓아올린 밀피유(바삭하게 구운 파이를 여러 겹 켜켜이 쌓아서 만든 달콤한 과자)를 상상하면 된다.

Step 1. 먼저 스킨! 처덕처덕 바르지 말고 스킨을 손바닥에 덜어서 체온으로 약간 데운 다음에 바른다. 그 다음에는 따뜻한 손바닥으로 얼굴 전체를 지긋이 눌러준다. 이렇게 하기만 해도 스킨이 훨씬 잘 흡수된다.

Step 2. 다음으로 스킨이 충분히 스며들 때까지 약간 시간을 두었다가 로션을 바른다. 기다리는 시간은 옷을 갈아입거나 가방을 챙기는 등 적절히 활용하자.

Step 3. 파운데이션을 꼼꼼히 바르고 손을 마주 비벼서 따뜻하게 만든

다음, 손가락으로 눈 밑의 삼각존을 부드럽게 눌러준다. 이 삼각존이 화장이 지워지기 가장 쉬운 곳이다.

이렇게 하면 피부 표면이 평평해져서 자연스러운 윤기도 생겨난다. '이렇게 한다고 과연 바뀔까?'하고 생각할지 모르지만 전문가들도 꼭 하는 아주 기본적인 과정이다. 제품 하나하나를 꼼꼼하게 피부에 정착시킴으로써 화장이 잘 지워지지 않는 토대를 만드는 것이다.

마무리로 화장이 잘 지워지지 않는 미스트를 뿌려주면 완벽해진다.

key item

바닐라코 렛미피니쉬 메이크업 픽서

Best ★ 메이크업이 들떠서 따로 노는 느낌이 들 때 뿌려주면 착 달라붙는 느낌이 들어요.

So So ★ 촉촉하고 고정력도 높지만, 분사될 때 좀 뭉쳐서 나오는 경향이 있어요.

스킨디나비아 메이크업 픽서

Best ★ 스킨케어 마지막 단계에 뿌려주면 번들거림이 줄어들고, 메이크업을 다 하고 뿌려주면 뽀송뽀송해지면서 화장이 오래 갑니다. 평소 수정화장을 오후 2시쯤 했다면 이걸 뿌리고 나면 4시쯤으로 늦춰집니다. 또 파라벤과 오일이 들어 있지 않아 민감한 피부에도 자극적이지 않네요.

So So ★ 미국 제품인데, 온라인에서만 구입할 수 있어요.

메이크업포에버 미스트 앤 픽스

Best ★ 베이스 전 단계에 한 번 뿌려주고 베이스 다음 단계에서 또 한 번 뿌리고 톡톡 두드려주거나 잠시 놔두면, 정말 화장이 촉촉하게 잘 먹었다는 느낌이 딱 와요. 유분도 잡아 주고 화장 지속력도 높여줍니다.

So So ★ 분사범위가 좁아서 한 곳에 집중 분사됩니다. 반드시 30센티미터쯤 떨어져서 뿌려줘야 합니다.

자외선차단제 똑똑하게 고르는 방법

SPF는 'Sun Protection Factor'의 약자로 주근깨와 기미 등 잡티의 원인인 자외선 B(UVB)의 차단 정도를 의미한다. SPF의 뒤에 표시된 숫자가 클수록 차단 효과가 높다. SPF1 당 차단 시간은 20분이다. 만약 SPF 차단 지수가 15인 제품을 사용할 경우(SPF15×20분=300분) 약 5시간의 자외선 차단 효과를 볼 수 있다.

PA는 'Protection grade of UVA'의 약자로 주름이나 피부 처짐의 원인인 자외선 A(UVA)의 차단 정도를 의미한다. PA+, PA++, PA+++등급으로 표시하며 +가 많을수록 차단 효과가 크다.

평상시에는 SPF 15~30 PA++ 정도를 바르고, 긴 시간 지속적으로 햇볕에 노출될 경우에는 SPF 40~50 PA+++정도를 바르는 것이 좋다. 지성피부는 자외선을 쐬면 피지 분비가 더욱 더 왕성해진다. 그래서 자외선차단제가 모공을 막아 트러블이 생길 수도 있다. 지성피부는 오일프리 제품이나 젤 타입 제품을 사용하는 것이 좋다. 또 자외선차단제를 바른 후 휴지로 얼굴을 눌러주면 유분기가 많아지는 것을 방지 할 수 있다. 건성피부라면 피부 속에 수분이 부족해서 사외선에 손상 받는 정도도 더 크다. 세안 후 보습에 더 신경 쓰고, 수분이 함유된 크림 타입 제품을 사용하는 것이 좋다.

하지만 얼굴에 얇게 바르는 정도로는 자외선 차단 효과가 2~3시간 밖에 지속되지 않는다. 그래서 자외선 차단 지수보다 더 중요한 것이 얼마나 자주 덧바르느냐다. 또 자외선 차단 지수가 높은 제품을 한꺼번에 많이 바르는 것 보다, 화장 단계마다 자외선 차단 기능이 있는 제품을 사용해 여러 겹의 얇은 차단막을 쌓는 것이 더 효과적이다.

로레알 UV 퍼펙트 롱래스팅 프로텍터

Best ★ 복합성 피부인데 로션처럼 묽고 부드럽게 발리는 게 가장 마음에 듭니다. 끈적임도 덜하고요. 베이지 색이지만, 잡티가 커버가 되기보다는 피부톤이 약간 밝아진 정도입니다. 이 정도면 파운데이션이나 다른 색조 제품 바르기 전에 베이스 역할을 톡톡히 하네요. 워터프루프 제품이 아니라 이중 세안을 하지 않아도 말끔히 지워집니다.

So So ★ 지성피부에는 좀 번들거림이 있습니다. 그래서 바르고 나서 기름종이로 톡톡 눌러주면 촉촉함만 남습니다.

오휘 선 사이언스 스마트 커버 선블럭

Best ★ 가볍고 산뜻해서 여름에 쓰기 참 좋습니다. 들뜨지 않고 잘 스며들어 피부를 매끄럽게 만들어줘요. 비비크림보다 커버력이 약해서 잡티는 커버되지 않지만, 피부톤을 환하게 해줍니다. 자연스러운 화장을 선호하는 분이라면 알맞은 제품이네요.

So So ★ 스펀지가 딱딱해서 코 옆이나 눈 사이 같은 미세한 부분은 바르기 힘들어요. 덩치가 커서 파우치에 넣기 좀 애매해요.

미샤 올 어라운드 세이프 블록 소프트 피니쉬 선 밀크

Best ★ 바른 듯 안 바른 듯 가볍네요. 얼굴이 너무 하얘지거나 화장이 밀리는 현상도 없습니다. 취향에 따라 용량을 선택할 수 있는 점도 좋습니다.

So So ★ 묽어서 조심하지 않으면 흘러내립니다.

시세이도 아넷사 마일드 페이스 썬스크린

Best ★ 다른 선크림은 바르면 조금씩 번들거렸는데, 이건 언제 발랐나 싶게 쑥 스며드네요. 피부도 건조하지 않고요.

So So ★ 워터프루프 제품이라 이중 세안을 하지 않으면 잘 지워지지 않습니다.

Makeup & Hair

피부의 처짐과 주름을 잡아당겨 없애는
두피 리프팅 마사지

아침에 일어나보니 피부에 탱탱함이 없고 어쩐지 주름이 늘어난 것 같다. 설마 밤사이 확 늙어버린 걸까? 우울해 할 필요가 없다. 이런 날 아침에는 두피 마사지로 피부의 탄력을 되살릴 수 있다.

Step 1. 얼굴 전체의 기초화장을 마치고 나서, 목을 뒤쪽으로 쭉 젖혀서 목 앞쪽의 피부가 팽팽하게 늘어나게 만든다.

Step 2. 두 손을 쫙 펼친 다음 관자놀이에서 목덜미 쪽으로 손가락 끝에 힘을 주어서 꾹꾹 누르면서 천천히 움직인다. 이때 포인트는 머리를 뒤로 밀어낸다는 생각으로 두피를 미는 것이다.
얼굴과 머리의 피부는 하나로 이어져 있으므로 얼굴 피부를 뒤쪽으로 밀어올리면 얼굴이 팽팽해진다. 또 두피를 자극함으로써 얼굴의 혈액순환도 좋아지고 눈과 어깨도 시원해진다.

Step 3. 마사지와 동시에 메이크업 테크닉으로도 주름을 커버한다.
눈 주위에 잔주름이 눈에 띌 때는 리퀴드 파운데이션을 바르는 것이 좋

다. 매트한 파운데이션은 고운 입자가 주름 사이사이로 들어가서 오히려
주름을 돋보이게 하므로 피하는 것이 좋다.

관자놀이에서
목덜미 쪽으로
손끝에 힘을 줘
눌러준다.

아름다운 피부는
아침 세안에서부터 시작된다

피부 미인의 첫 단계, 세안 올바로 하기

40대에도 20대 같은 피부를 유지하는 여배우는 세안하는 데만 30분이 걸린다고 한다. 세안이 메이크업, 먼지, 피지 등의 노폐물을 닦아내는 것이라고만 생각하면 오산! 세안은 혈액순환을 촉진하고, 각질을 제거하고, 모공을 축소하고, 피부 결을 정돈하는 등 가장 기초적이고 기본적인 스킨케어 과정이다.

1. 세안하기 전에 반드시 손부터 깨끗이!

손을 씻지 않고 바로 폼클렌징을 사용하면 세균이 거품과 섞여 얼굴에 묻기 때문에 세안을 해도 먼지 등의 더러움이 얼굴에 묻어 트러블을 유발하기도 한다.

2. 커다란 거품을 만들어 얼굴을 마사지하듯!

손과 얼굴은 직접 닿지 않게 하자. 피부는 자극을 줄수록 멜라닌 색소가 올라와 피부를 보호하려는 습성이 있다. 특히 눈가는 자극을 많이 받으면 다크서클과 주름이 심해진다.

손과 얼굴 사이에는 거품을 쿠션처럼 끼워 넣고, 거품을 피부에 밀착시키듯이 해서 천천히 움직인다. 이때 손은 힘을 빼고 얼굴선을 따라 둥글게 만든다.

3. 미지근한 물로 시작해서 차가운 물로 마무리!

너무 뜨겁거나 차가운 물로 세안하면 모세혈관이 자극을 받는다. 또 뜨거운 물은 얼굴을 건조하게 하고 모공을 넓혀 피부를 쳐지게 만든다. 미지근한 물로 시작해서 마지막에는 차가운 물로 얼굴을 튕기듯이 여러 번 헹궈준다.

4. 물기는 수건으로 감싸듯 눌러서 제거!

물기를 제거할 때는 수건으로 살짝살짝 눌러준다. 문질러 닦으면 공들여 세안한 게 헛일이 될 수 있다.

5. 세안 후 5초 안에 수분 보충!

세안 후 단 몇 초 사이에 피부 속 수분이 날아가 버리기 때문에, 빨리 수분을 보충해줘야 한다. 화장품은 문질러 바르기 보다는 부드럽게 두드리면서 천천히 흡수시킨다.

시세이도 퍼펙트 휩

Best ★ 일본 여행가면 몇 개씩 꼭 사와야 할 필수품이었는데, 국내에도 정식 출시되었네요. 아주 조금만 써도 솜사탕처럼 부드럽고 풍성한 거품이 만들어져서 자극 없이 씻을 수 있습니다.

So So ★ 색조까지 말끔하게 지워지지는 않네요. 이거 하나로 클렌징을 마무리하기에는 무리가 있습니다.

쉽게 꺼지지 않는 크고 단단한 거품 만들기

1. 거품망의 도움을 받자

눈이 촘촘한 거품망에 세안제를 묻혀 주무르면 공기가 고루 잘 섞여서 곱고 섬세한 거품이 만들어진다.

미샤 버블 메이커

Best ★ 손으로 거품을 만들 때와 비교되지 않을 만큼 풍성한 거품이 만들어집니다. 고리가 있어서 사용 후 걸어두면 보송보송하게 말라 위생적입니다.

2. 물은 아주 조금만 묻힌다

처음부터 거품망에 물을 묻히지 말자. 손에 세안제를 덜어서 물을 아주 약간만 묻힌 다음 거품망을 주무른다. 물이 너무 많으면 거품이 묽어지므로 조심하자.

3. 손을 거꾸로 뒤집어도 거품이 떨어지지 않는다면 합격

세안할 때 사용하는 거품의 양은 레몬 한 개 크기가 기준이다. 거품은 부드럽고 눌러도 찌그러지지 않는 탄력이 있어야 한다. 손바닥에 거품을 올려놓고 거꾸로 뒤집어도 떨어지지 않는다면 합격이다.

에뛰드하우스 몽게구름 마일드 버블 폼

Best ★ 누르면 바로 부들부들한 거품이 나와서 너무 편합니다. 순하고 당김 없이 촉촉해서 아침 세안용으로 좋습니다. 베이비파우더 향이 기분 좋게 합니다.

So So ★ 저녁에 메이크업을 지우는 용도로 쓰기에는 세정력이 약한 것 같습니다.

Chapter 2

BASE
MAKEUP

Morning **5 Minutes**
Makeup **&** Hair

Makeup & Hair

작은 얼굴을 만드는
펄 메이크업베이스의 힘

압박붕대 같은 도구로 얼굴을 동여매거나, 틈만 나면 롤러로 얼굴을 문지르거나, 멍이 들어가며 경락 마사지를 받거나……. 작은 얼굴을 향한 여성들의 열망은 눈물겨울 정도다. 하지만 파운데이션을 바르기 전에 메이크업베이스 바르는 방법을 약간만 바꿔줘도 얼굴이 작아 보일 뿐만 아니라 훨씬 입체적으로 보일 수 있다.

Step 1. 펄 감이 약간 있는 핑크색 메이크업베이스를 준비한다.
하얀색 계통의 메이크업베이스는 자연스러운 느낌이 없어지기 때문에 적당하지 않다.

Step 2. 다크서클이 어둡게 드리워져 있는 눈 밑의 '역삼각형 존'과 이마에서 콧날로 이어지는 'T존'에만 메이크업베이스를 바른다.

Step 3. 파운데이션을 얼굴 중심에서 바깥쪽으로, 얼굴을 늘려간다는 느낌으로 발라간다.

핑크색 펄 메이크업베이스를 펴 바른다.

하얀색 펄 베이스는 얼굴 전체에 펴 바르면 자연스러움이 떨어진다.

파운데이션은 안쪽에서 바깥쪽으로 밀어내듯이 바른다.

파운데이션을 바를 때 스펀지를 사용하면 얇게 발리고, 피부와 밀착력이 높아진다.

이 '중심에서 바깥으로'라는 것이 키 포인트다. 바깥쪽으로 갈수록 파운데이션의 색깔이 엷어지면 얼굴에 달걀 표면처럼 동그란 입체감이 생긴다. 그리고 목과 얼굴의 색깔 경계도 없어져 훨씬 더 자연스러워 보인다. 또한 핑크색 펄 메이크업베이스를 바른 얼굴 중심(눈 밑과 T존)이 볼록해 보임으로써 얼굴에 또렷한 윤곽이 생겨난다.

key item

SK-II 브라이트닝 루센트 베이스

Best ★ 살굿빛이 도는데 하얗게 뜨지 않고 얼굴에 쏙 흡수됩니다. 촉촉하니 수분감도 많고 자외선 차단 기능도 있습니다. 눈에 띌 정도로 큰 펄이 아닌, 잔잔한 펄이라 환하고 자연스러운 피부를 연출합니다. 커버력은 없지만 신기하게도 피부톤을 깨끗하게 만들어주네요.

So So ★ 하이라이터로 사용하기에는 펄감이 좀 약한 편입니다. 하이라이터보다는 피부톤을 밝게 해주는 용도인 듯.

베네피트 하이빔

Best ★ 파운데이션 바르고 이마와 콧등에 하이빔을 바르고 파우더로 덮어주면 조금 있다가 은은한 광이 올라와서 즐겨 사용하고 있습니다. 펄 입자도 너무 크지 않고 적당합니다. 비비크림이나 파운데이션에 섞어 바르면 물광피부 완성! 이만한 게 없습니다. 쇄골이나 다리에 발라도 섹시해 보이네요.

So So ★ 유통기한이 개봉 후 1년인데 용량이 너무 많아요. 반면 가격은 비싸고요.

바닐라코 더 시크릿 하이라이터

Best ★ 베네피트 하이빔의 저렴한 버전으로 유명한 제품입니다. 입체감이 과하지 않게 나타나서 부담스럽지 않고, 촉촉하고 밀리지 않아서 좋습니다. 단독으로 바를 때보다 베이스 제품과 섞어 바르면 피부가 생기 있어 보이고 더 자연스럽습니다.

So So ★ 언제 다 쓰죠? 용량이 너무 많아요.

입생로랑 땡 파르페 컴플렉션 인핸서

Best ★ 메이크업베이스, 자외선차단제, 하이라이터의 기능을 모두 가진 제품입니다. 부드럽게 발리고 피부톤도 균일하게 보정됩니다. 투명 메이크업을 하고 싶을 때는 이 제품과 파운데이션을 소량 덜어 손등에서 섞은 다음 바릅니다. 피부가 좋은 날은 파운데이션은 생략하고 이 제품만 바르고 컨실러로 잡티를 가린 뒤 파우더로 가볍게 눌러만 줘도 피부가 아주 깨끗해 보입니다.

So So ★ 오이비누 향이 나요.

에뛰드하우스 황금비율 페이스 글램

Best ★ 리퀴드베이스, 크림 하이라이터, 거울이 하나로 되어 있습니다. 파운데이션이나 비비크림과 섞어 바르면 피부가 매끈하게 표현되고, T존과 눈 밑에 바르면 환해지면서 얼굴이 입체적으로 보입니다.

So So ★ 지속력이 약한 것 같아요. 그리고 파우더까지 바르면 반짝임이 줄어듭니다.

파운데이션 무엇으로 바를까?
손 vs 스펀지 vs 브러시

관리하기 편하고 간편한 '손'

가장 빠르고 간편하게 파운데이션을 바를
수 있다. 손의 열기는 파운데이션의 흡수
력을 높여 피부에 잘 밀착되도록 한다. 하
지만 손으로 바를 때는 얼룩이 생길 수도
있다. 손에 힘이 너무 많이 들어가면 피부
에 자극을 줄 수 있으니, 가볍게 문지르거
나 톡톡 두드려 바르도록 한다. 그리고 손
을 깨끗이 씻고 발라야 피부 트러블을 막
을 수 있다.

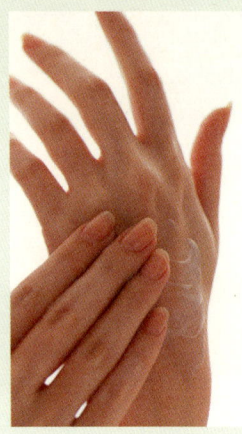

밀착력을 높이는 '스펀지'

파운데이션을 두껍지 않으면서 자연스럽게 바를 수 있다. 얼룩 없이 깔
끔하게 밀착시키기 때문에 스틱, 콤팩트 타입의 파운데이션을 바를 때도
유용하다. 특히 각진 스펀지는 코 주변처럼 손이 닿기 힘든 부분까지 꼼
꼼히 바를 수 있다. 하지만 스펀지는 파운데이션
을 잘 흡수하기 때문에 손이나 브러시로 바
를 때보다 파운데이션을 더 많이 쓰
게 된다. 그리고 오랜 시간 두드려
야 파운데이션이 잘 스며든다.

피부를 매끄럽게 만드는 '브러시'

브러시는 모공, 흉터 등 피부의 작은 요철까지 꼼꼼히 채워 매끈한 피부 결을 연출할 수 있다. 특히 액체 타입의 파운데이션을 바를 때 유용하다. 브러시는 양 조절이 쉽지 않기 때문에 파운데이션을 손등에 덜어 양을 조절해야, 뭉치지 않게 바를 수 있다. 또 브러시 자국이 남을 수 있으므로 수분이 많은 파운데이션을 조금씩 여러 번, 브러시를 둥글려 바르는 게 좋다.

유분이 많은 파운데이션은 화장품 중에서도 세균이 가장 잘 번식하는 제품이다. 브러시와 스펀지는 피부 트러블이 생기지 않게 자주 세척하고, 세제가 남지 않게 깨끗이 헹궈내야 한다.

Makeup & Hair

바캉스를 더 즐겁게!
초간단 갈색 피부 만들기

눈부신 태양, 반짝반짝 빛나는 모래사장, 하얀 물보라…….

일 년을 학수고대한 바캉스. 근사하게 비키니를 입고 해변을 누비기 위해 수없이 많은 밤 야식의 유혹을 견디고, 몇 날 며칠 러닝머신 위에서 땀을 쏟았다. 하지만 허여멀건 피부에 비키니는 아니올시다. 윤기나는 갈색 피부는 건강하고 탄력 있어 보인다. 하지만 태닝은 피부를 너무 상하게 한다. 이런 고민으로 괴로울 때 선택할 수 있는 '오늘만 매끈한 갈색 피부' 테크닉을 소개한다.

Step 1. 먼저 기초화장을 마친 다음 스펀지로 리퀴드 파운데이션을 얇게 펴 바른다. 구릿빛으로 그을린 피부처럼 보이려면 평소보다 약간 어두운 색의 파운데이션을 선택한다. 또 목과의 경계선이 부자연스럽지 않도록 세심하게 바른다.

Step 2. 그 다음 미스트를 얼굴 전체에 뿌려준다. 너무 가까이에서 뿌리면 얼룩덜룩하고 끈적끈적해지니, 얼굴에서 20센티미터 정도 떨어져서 뿌린다. 곧바로 만지면 얼룩이 생기므로 잠시 그대로 둔다.

Step 3. 미스트가 자연스럽게 건조되면 눈 깜짝할 사이에 매끈한 피부가 완성된다. 미용 미스트는 파운데이션과도, 피부와도 잘 밀착해서 피부에 반짝반짝 윤기를 낼 때 유용한 아이템이다.

Step 4. 몸 전체에 태닝한 분위기를 내고 싶을 때는 어두운 색상의 바디 밤 제품을 골고루 펴 바른다.

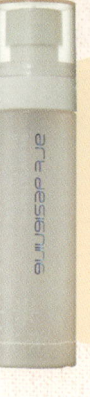

미샤 더 스타일 아트 디자이닝 메이크업 픽스

Best ★ 저는 지성피부라 메이크업하면 지속성이 떨어져서 수정화장을 자주해줘야 합니다. 하지만 이 제품으로 마무리하면 확실히 기름기도 잡아주고 화장이 오래 유지됩니다. 그렇다고 화장이 하루 종일 그대로는 아니고, 수정화장을 하는 횟수를 좀 더 줄여주는 정도입니다.

So So ★ 같이 분사되는 파우더가 그냥 두면 살짝 뭉쳐서. 뿌린 후 가볍게 톡톡 두드려주는 게 좋습니다.

미샤 글램 실키 바디 밤

Best ★ 고운 골드핑크펄 입자가 팔다리를 예쁘고 날씬해 보이게 만드네요. 바디밤이 있으면 스타킹이 필요 없어요. 약하지만 자외선 차단 기능도 있고, 장미향도 은은하게 납니다.

So So ★ 바르고 만져보면 손에 펄이 약간씩 묻어납니다. 팔다리를 옷에 비비면 안 되겠죠.

에뛰드하우스 알로하 브론즈 스킨메이커

Best ★ 베이스와 브론저가 하나로 구성되어 있습니다. 베이스에 브론저를 섞어서 자신의 피부에 맞게 색을 조절할 수 있다는 게 장점입니다. 발라보니 하얀 피부가 은은한 광택이 돌면서 건강한 구릿빛 피부로 변하네요.

So So ★ 베이스와 브론저를 섞는 게 귀찮습니다. 비슷하게 섞는다고 해도 할 때마다 색상이 달라지고요.

스킨푸드 레드 오렌지 메이크업 픽서

Best ★ 매트한 타입은 한 뷰티 프로그램에서 '지성용 미스트'라고 소개되며 인기를 모았죠. 피지흡착 파우더가 들어 있어서 메이크업 마지막 단계에서 뿌리고 나면 보송보송한 느낌이 들어요. 글로시한 타입은 피부가 촉촉해지면서 자연스러운 윤기가 도는 것 같아요.

So So ★ 오렌지 향이 무척 강한 편입니다.

피부 손상을 줄이는 건강한 태닝법

하얗고 뽀얀 피부는 여성이라면 누구나 꿈꾸는 피부지만, 여름만큼은 초 콜릿색의 건강하고 섹시해 보이는 피부를 원한다. 실제로 흰 피부에 비해 검은 피부가 더 탄력 있고 날씬해 보인다. 그러나 무분별하게 살을 태웠다가는 피부가 탄력을 잃고 노화가 촉진될 수 있다.

1. 한 낮은 피하고, 가급적 흐린 날

자외선이 강하게 내리쬐는 오전 11시에서 오후 2시까지는 태닝을 피하자. 일광욕을 즐길 때에도 장시간 노출시키기 보다는 노출과 휴식을 반복해야 피부 손상을 줄일 수 있다. 5분 정도 햇빛에 노출했다면 10분은 그늘에서 쉬어야 한다.

2. 각질을 제거하고 물기를 완전히 말린 상태에서

피부에 각질이 쌓여 있으면 태닝한 후 각질이 떨어져 나가면서 피부에 얼룩이 생길 수 있다. 또 피부에 물기가 남아 있으면 물방울이 빛을 모아 얼룩이 생긴다. 각질을 제거하고 물기를 깨끗이 닦은 후 피부 손상을 막는 태닝제를 바른다. 태닝 중에는 물을 많이 마셔 수분을 보충해준다.

3. 인공 태닝보다는 자연 태닝을

인공 태닝은 빠른 시간 내에 아름다운 구릿빛 피부를 만들어주지만, 한 꺼번에 많은 양의 자외선을 쏘여 피부의 탄력 세포들을 파괴한다. 또 색소세포를 자극해 기미, 주근깨, 검버섯 등이 생길 수 있다. 자연 태닝을 할 때도 직사광선을 바로 쐬지 말고, 파라솔 등을 이용해 자외선을 걸러낸 빛을 쐬도록 한다.

4. 얼굴은 수건으로 가리고

얼굴은 기미, 주근깨, 잡티가 생기기 쉽고, 태닝으로 기존의 잡티가 더 짙어질 수 있다. 태닝할 때 얼굴은 수건으로 가려준다. 따끔거리거나 당기는 느낌이 든다면 그 즉시 태닝을 중단한다.

5. 태닝 후에는 보습로션을 듬뿍 바른다

자외선에 노출된 뒤에는 찬물로 가볍게 샤워하고 보습 제품을 듬뿍 바르고 가볍게 두드려준다. 비누는 피부를 건조하게 할 수 있으므로 사용하지 않는 게 좋다. 피부가 화끈거릴 때는 물이나 우유로 냉찜질을 한다. 때를 밀거나 자극적인 팩을 하는 것은 금물이다.

지아자 셀프태닝 바디 로션

Best ★ 바르면 까무잡잡한 피부가 되는 신기한 제품입니다. 여름에 잠깐씩 초콜릿색 피부가 되고 싶을 때 사용합니다. 3번 정도 시간을 두고 덧바르면 정말 예쁜 색깔로 태닝된 피부가 연출됩니다. 샤워할 때 비누를 많이 안 쓰면 색상이 꽤 오래가고요. 이 제품을 바르면 팔다리가 훨씬 날씬해 보이기 때문에, 미니스커트나 핫팬츠처럼 노출이 많은 옷을 입을 때 좋습니다.

So So ★ 막 바르면 자국이 생깁니다. 손등처럼 피부가 얇은 부위와 배처럼 피부가 두꺼운 부위에 같은 양을 바르면 색상이 달라요.

Makeup & Hair

14

얼굴에 깜짝 놀랄 만큼 입체감이 생기는

C존 + ▽존 하이라이트 비법

아름다운 사람은 피부도 아름답다. 대리석처럼 매끄러울 뿐만 아니라 피부 안쪽에서부터 빛이 난다. 수분을 머금은 듯 촉촉하게 빛이 난다는 '물광피부', 꿀을 바른 듯 매끄럽고 반짝반짝 빛이 난다는 '꿀피부'. 최근 메이크업 트렌드는 피부가 반짝반짝 윤기 있어 보이게 표현하는 것이다. 빛나는 피부는 음주나 흡연을 삼가고, 물을 충분히 마시고, 잠을 잘 자는 등 평소 건강한 생활습관이 뒷받침 되어야 한다. 하지만 화장의 도움을 받으면 짧은 시간 안에 윤기나는 피부로 변신할 수 있다.

Step 1. 펄이 들어 있는 하이라이트 파우더를 준비한다. 자연스럽게 표현하고 싶을 때는 샴페인 골드색을, 화려하게 표현하고 싶을 때는 연한 펄 핑크색을 추천한다.

하이라이터는 펄 크기가 작아서 은은하게 발색되는 것이 좋다.

Step 2. 모든 화장이 끝난 다음, 눈과 눈썹을 이어주는 얼굴의 옆면인 'C존'과 눈 밑의 '▽존'에 하이라이트 파우더를 바른다.

하이라이트 파우더를 바를 때는 먼저 파우더 브러시에 묻힌 다음 가볍게

C존과 ▽존에
하이라이트 파우더를
바른다.

클리오 하이라이터

나스 하이라이팅 블러쉬 파우더

에뛰드하우스 마이 워시 치크

톡톡 털어낸다. 그리고 손등에 한 번 쓱 문지르고 난 다음에 얼굴에 바른다. 그래야 펄이 지나치게 많이 발리는 것을 막을 수 있다.

동양인들은 C존이 움푹 패여 있는 경우가 많기 때문에 하이라이트를 넣어 입체감을 주는 것이 좋다. ▽존에 하이라이트를 넣으면 얼굴의 중심이 높아지면서, 얼굴이 달걀처럼 갸름하고 입체적으로 보인다. 특히 C존과 ▽존은 다른 사람의 시선이 집중되는 부분이기도 하다. 이 부분이 깔끔하면 피부가 전체적으로 아름답게 보인다. 베이스메이크업을 할 때나 화장을 고칠 때도 특히 이 부분을 세심하게 마무리할 필요가 있다.

바닐라코 더 시크릿 마블링 하이라이터
Best ★ 금빛이 나는 줄 알았는데 아이보리 색에 가깝습니다. 펄 입자가 아주 고와서 촌스럽게 반짝거리지 않고 자연스럽습니다. 발림성이 좋아서 살짝만 터치해도 블링블링하네요. 양도 많아서 한참을 쓰겠어요. 팩트 안에 거울과 브러시가 다 들어 있어서 휴대성도 좋습니다.
So So ★ 케이스가 흠집이 잘 나고 내장된 브러시가 좀 거친 느낌입니다.

이니스프리 로즈마블링 브라이터
Best ★ 마블링이 예쁘게 돼있어서 하얗게 붕 뜨지 않고 자연스럽습니다. 지성이라 화장이 금방 지워지는 편인데도 반짝임이 은은하게 오래 남네요.
So So ★ 발색력이 좋아서 양 조절을 잘 해야 합니다. 많이 쓰면 은갈치가 될 수 있거든요. 브러시가 내장되어 있지 않은 점은 아쉽습니다.

겔랑 메테오리트 펄 일루미네이팅 파우더
Best ★ '구슬 파우더'라는 이름으로 불리는 제품으로, 신부화장 마무리에도 많이 사용되더라고요. 커버력은 전혀 없고, 피부톤을 부드럽고 화사하게 만들어 햇빛이나 조명 아래에서 피부가 건강하고 윤기 있어 보이게 합니다. 제 피부가 건성임에도 불구하고 당김이 전혀 없네요.
So So ★ 브러시는 따로 구매해야 합니다.

15

Makeup & Hair

갑자기 솟아오른 뾰루지를 위한

저자극 기초화장 테크닉

오일프리 화장품을 골라 쓰고, 클렌징을 꼼꼼히 하는 등 관리를 철저히 해도 피로가 쌓이거나 생리 기간 중에는 뾰루지가 한두 개 올라와 속상하게 한다. 이런 날에는 되도록이면 피부에 부담을 주지 않는 '저자극 기초화장 테크닉'이 필요하다.

Step 1. 거름망을 사용해 세안제 거품을 크고 부드럽게 만들어서 피부에 자극이 덜 가도록 세안한다.

Step 2. 스킨과 에센스를 바른 다음 제품이 피부에 확실하게 스며드는 것을 기다렸다가, 휴지로 가볍게 여분의 유분을 닦아낸다.

Step 3. 면봉으로 뾰루지에 약을 바른 다음, 스펀지에 파운데이션을 소량 덜어 얼굴 전체에 얇게 펴 바른다. 파운데이션은 피부에 부담이 적은 미네랄 파운데이션을 추천한다.
컨실러는 유분이 많기 때문에 뾰루지가 났을 때는 쓰지 않는 것이 좋다. 뾰루지의 붉은 부분이 신경 쓰일 때에는 거기에만 한 번 더 파운데이션

을 덧바른다. 하지만 여드름이 아주 심할 경우에는 화장을 하지 말고 피부과 치료를 받는 것이 깨끗한 피부를 위한 지름길이다.

Step 4. 마지막으로 유분을 빨아들이는 프레스 파우더로 가볍게 톡톡 눌러준다.

바닐라코 렛 미 베베 네이키드 비비크림

Best ★ 발림성이 좋아서 다른 비비크림의 반 정도 양이면 충분합니다. 게다가 퍼석해지는 게 아니라 적당히 윤이 나면서 마치 파우더를 바른 듯 보송보송 해져요. 커버력, 지속력도 좋은데 바르고 있을 때 갑갑하지 않습니다.

So So ★ 건성인 제 피부에는 좀 매트한 감이 있어서 프라이머랑 1:1로 섞어서 사용하고 있습니다.

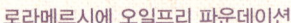

로라메르시에 오일프리 파운데이션

Best ★ 사용하던 파운데이션이 오후가 되면 얼룩덜룩해져서 주변 분들의 추천으로 구입했습니다. 오일프리라 상당히 매트할 줄 알았는데 너무 부드럽게 잘 발립니다. 또 번들거림도 거의 없고 커버력과 지속력도 정말 대단합니다. 뽀송뽀송해서 파우더를 따로 바를 필요가 없네요.

So So ★ 유효기간이 6개월 밖에 안 되는데, 그 안에 다 쓰기에는 양이 많습니다.

메이크업포에버 하이 데피니션 파운데이션

Best ★ 굉장히 적은 양으로도 화사하게 표현이 될 뿐만 아니라, 쉽게 뭉치거나 들뜨지 않아서 수정화장하는 시간이 배로 줄어듭니다. 지속력도 굉장히 좋아서 예전에는 대략 4~5시간마다 화장을 고쳐야 했다면 HD파운데이션은 7~8시간에 한 번씩만 거울을 봐도 큰 차이가 없습니다. 프라이머를 사용하지 않아도 모공과 잡티가 많이 커버가 되네요. 지성피부에도 번들거리지 않고 가볍게 밀착돼서 파운데이션을 쓴다고 해서 화장이 두꺼워질 염려가 없습니다.

So So ★ 흐릿한 주근깨나 기미는 잘 커버되지만 점까지 커버될 정도는 아닙니다.

메이크업포에버 하이 데피니션 파우더

Best ★ 처음 보았을 때는 이 하얀 파우더 가루를 얼굴에 바르면 찹쌀떡처럼 하얗게 되는 건 아닐까 두려웠어요. 하지만 얼굴이 화사해지면서 뽀송뽀송해지네요. 유분기도 확실히 잡아줘 오후가 돼 수정화장을 하지 않아도 뽀송뽀송한 상태 그대로입니다. 약간의 펄감이 있어서 얼굴 결점을 각도에 따라 커버해주는 것 같아요. 10g으로 양이 적지만 굉장히 오래 사용합니다. 눈두덩이에 발라주면 아이라인도 잘 번지지 않고 아이섀도도 오래 갑니다.

So So ★ 입자가 고와서 가루날림이 많은 편입니다. 그리고 하얀색이라 브러시 모에 색깔이 없으면 티가 안나서 양을 조절하기 힘듭니다.

세균의 온상! 화장도구 세척법

화장도구가 피부 트러블을 유발할 수도 있다. 파운데이션용 스펀지나 퍼프, 브러시 등은 반드시 깨끗한 것을 사용해야 한다. 더러우면 세균이 증식하여 여드름을 악화시키고 만다. 화장도구는 전용 클리너나 중성세제를 이용해 정기적으로 세척하는 습관을 기르자.

브러시

• 세척 주기 : 파운데이션 브러시는 매일, 파우더 브러시는 일주일에 한 번 세척한다.

• 세척 방법 : 천연모 브러시는 전용 클리너나 울 샴푸로 세척한다. 종이컵에 브러시가 담길 정도로 클렌저를 덜어 브러시를 원을 그리듯 돌려가며 세척한다. 더러워진 클렌저는 버리고, 클렌저를 새로 덜어 한 번 더 세척한다. 휴지나 마른 수건으로 눌러서 남아 있는 클렌저를 제거하고 통풍이 잘 되는 곳에 걸어 말린다. 인조모 브러시는 클렌징 폼을 묻혀 손가락으로 조물조물 주물러 빤다. 미지근한 물로 잘 헹군 다음 휴지나 마른 수건으로 눌러 물기를 제거하고 통풍이 잘 되는 곳에 걸어 말린다.

스펀지

• 세척 주기 : 매일

• 세척 방법 : 클렌징 폼이나 중성세제를 묻혀서 미지근한 물에 조물조물 비벼 빤다.

거품이 나오지 않을 때까지 잘 헹군 다음, 꼭 짜서 바람이 잘 통하는 곳에 걸어 말린다. 더러움이 잘 빠지지 않을 때는 가위로 더러운 부분을 잘라내고 사용한다.

퍼프

- 세척 주기 : 일주일에 한 번
- 세척 방법 : 클렌징 오일이나 클렌징 폼 등 세안제를 묻혀서 미
  지근한 물에 조물조물 비벼 빤다.
  거품이 나오지 않을 때까지 잘 헹군다. 꼭 짜서 물기를 없앤 다
  음 잘 펴서 형태를 잡아 바람이 잘 통하는 곳에 걸어 말린다.

뷰러

- 세척 주기 : 매일
  - 세척 방법 : 스킨이나 알코올을 화장솜에 묻혀 금속부분에서 고무 패킹까지
    꼼꼼하게 닦아낸다. 고무는 속눈썹이 잘 안 올라가거나 갈라지면 바로 교
    체한다.

미샤 더 스타일 퍼펙트 브러시 클렌저

Best ★ 브러시를 자주 세척하지 않으면 끈적거
리고 고약한 냄새가 납니다. 그럼 피부에도 해
로울테죠. 이 제품은 세척력도 좋고, 잘 헹궈집
니다. 린스효과가 있는지 브러시도 부드러워지
고요. 딸기향 같은 기분 좋은 냄새가 납니다.
So So ★ 용기가 단단한 편이라서 그런지 제품을
꾹 눌러줘도 시원스럽게 나오지 않네요.

바닐라코 브러시 배스 브러시 클렌저

Best ★ 클렌징 오일이나 폼 같은 걸로 여러 번
씻어낼 필요가 없어 편하네요.
So So ★ 자주 세척하니 브러시가 거칠어집니다.

Makeup & Hair

지워지지 않는 기미에는 팡! 팡! 팡!

스탬프 컨실러

파운데이션을 발라도 커버할 수 없는 진한 기미. 기미를 커버하려고 파운데이션을 자꾸 덧바르면 화장이 두꺼워지고 오히려 나이 들어보이게 된다. 이럴 때는 컨실러로 커버하자. 컨실러는 뭉치거나 들뜨거나, 사용하기 너무 어렵다? 천만의 말씀! '스탬프 컨실러' 기법이면 초보자도 쉽게 감추고 싶은 피부 결점을 커버할 수 있다.

Step 1. 먼저 파운데이션을 잘 펴 바른 다음, 아이섀도 팁의 반대쪽(브러시 끝 부분)에 컨실러를 약간 묻혀서 도장을 찍듯이 기미 위에 '팡!' 찍는다.

Step 2. 컨실러를 손가락으로 가볍게 문지르되, 너무 펴 바르지는 말자.

컨실러를 바르는 요령은 소량을 콕콕 찍어서 바른다는 것이다. 그리고 경계가 생기지 않게 손가락으로 살짝 문질러주면 된다.
주의할 점은 잡티를 가릴 때는 자신의 피부색과 같은 색상의 컨실러를 고르는 것이다. 다크서클을 커버할 때는 피부색보다는 조금 밝은 색을 사용한다. 눈가는 피부가 얇아서 컨실러를 너무 두껍게 바르면 주름이 생겨 보기 흉해질 수 있으니 조금씩 얇게 펴 바르자.

아이섀도 팁의 이 부분으로 도장 찍듯이 팡팡 감추고 싶은 부위에 발라준다.

스매시박스 카메라 레디 풀 커버리지 컨실러

스매시박스 포토 피니쉬 리드 프라이머

미샤 시그너처 익스트림 커버

바비브라운 크리미 컨실러 키트

Best ★ 파우더가 함께 들어 있어서 편리하네요. 눈 밑과 뺨에 기미와 주근깨가 넓게 퍼져 있는 편인데, 컨실러 브러시로 쓱쓱 해주고 손가락으로 가볍게 톡톡 두드려주면 피부색과 잘 어우러지면서 결점을 감춰줘요. 공기 중에 산화되어 색이 탁해지는 것도 심하지 않은 편이고 촉촉합니다. 양이 적은듯해도 오래 쓸 수 있습니다. 높은 커버력과 함께 자연스러운 표현을 원한다면 꼭 써보시길 바래요.

So So ★ 색상이 다양하기 때문에 꼭 매장에서 테스트해보고 사야 실패할 확률이 적습니다.

메이크업포에버 풀 커버 컨실러

Best ★ 울긋불긋한 여드름 자국도 있고, 다크서클도 있고……. 비비크림 얇게 바르고 컨실러로 그런 부위만 가려주면 화장을 두껍게 하지 않아도 되고 좋아요. 트러블 부위에 사용해도 괜찮고요. 화장이 밀리는 현상도 없습니다. 커버력도 확실해서 여드름도 감쪽같이 감춰주네요.

So So ★ 굉장히 매트한 편이라 재빨리 펴 바르는 것이 좋습니다. 안 그러면 두꺼워져요.

바닐라코 닥터 하이드 듀얼 컨실러 팩트

Best ★ 다른 컨실러들은 좀 들뜨는 느낌이 있었는데, 이건 가볍게 잘 발리면서 오래 지속돼서 좋아요. 투톤으로 되어 있어 피부색에 맞게 잘 조절할 수 있고요. 밝은 색상이 결점 커버에 더 좋은 것 같아요.

So So ★ 계속 한 가지 톤만 쓰게 되네요.

베네피트 이레이즈 페이스트

Best ★ 스틱 컨실러는 너무 건조해서 아무리 스킨케어를 잘 해도 좀 들뜨는 느낌이었습니다. 이 제품은 크림 타입이라서 그냥 바르기에도 진짜 촉촉해요. 잔주름이 신경 쓰이는 눈가에도 잘 쓸 수 있습니다. 파우더나 파운데이션 21호 쓴다면 '1호 페어'가 적당합니다.

So So ★ 스패출러로 뜨면 아깝게 늘 많이 남아서 버리게 돼요.

기미는 자외선을 좋아해~

기미란 멜라닌 색소가 피부에 과다하게 침착되는 피부질환으로, 눈가와 뺨 주위에 모양과 크기가 불규칙한 갈색 반점이 나타난다. 체질적인 요인과 호르몬 분비, 자외선 등을 원인으로 본다.

특히 임산과 출산을 경험하면 기미가 갑자기 늘어나기 쉽다. 임신을 하면 멜라닌 자극 호르몬이 평상시보다 100배 이상 증가해 멜라닌 색소를 쉽게 만들어낸다. 기미로 피부가 칙칙해지는 것을 방지하려면 자외선을 피해야 한다. 자외선차단제는 외출하기 30분 전에 바르고, 수시로 덧발라주는 것이 좋다. 피부가 건조하면 피부가 더 칙칙해 보일 수 있으므로 물을 많이 마시고, 멜라민 생성을 막는 비타민C를 챙겨 먹자.

바닐라코 헬로써니 데이즈 선 파우더
Best ★ 가지고 다니면서 가볍게 톡톡 두드리면, 투명하고 보송보송해져요.
So So ★ 퍼프를 오래 사용해도 되는지 모르겠네요.

에뛰드하우스 산소정화 화이트C 선 파우더
Best ★ 쓸 때마다 파우더를 조금씩 갈아서 사용한다는 점이 재미있네요. 바르면 보송보송해집니다.
So So ★ 커버력이 없고 용기가 좀 부실한 것 같아요.

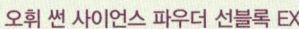

오휘 썬 사이언스 파우더 선블록 EX
Best ★ 기존의 자외선차단제와는 달리 파우더 타입이기 때문에 메이크업 위에 덧발라도 들뜨지 않고 끈적임이 전혀 없습니다. 자외선 차단지수도 높고, 자외선 A, B가 동시에 차단되니까 안심이 되고요.
So So ★ 피부톤 보정 기능이 없는 점이 아쉽고, 휴대하기에는 크기가 좀 커요.

17

너무 진하거나 창백한 입술도 OK!

립 제품을 아름답게 발색시키는 입술 색 보정

아침에 일어나면 입술 색이 검거나 핏기가 없는 등 생기 없을 때가 많다.
피부는 파운데이션으로 그럭저럭 커버할 수 있지만, 입술은 어떻게 해야
좋을까? 입술 색이 너무 진하거나 흐리면 립스틱이나 립글로스 색깔이
제대로 발색되지 않는다.
이럴 때는 자신의 상태에 맞게 입술 색을 보정해서 립 제품을 깨끗하고
선명하게 발색시켜보자.

Trouble. 입술이 너무 붉거나 거무스름할 때
Solution. 손가락으로 컨실러를 톡톡 바른 다음 립스틱을 바른다. 붉은 기나 검은 기
가 흐려져 색상이 깨끗하게 발색된다.

Trouble. 혈색이 나빠 창백할 때
Solution. 1. 진한 오렌지색 립스틱을 톡톡 바르고, 손가락으로 문지른 다음 휴지로 한
번 눌러서 살짝 닦아낸다. 그 위에 투명한 립글로스를 바르면 건강한 입술처럼 생기
있어 보인다. 2. 또 한 가지 추천하고 싶은 건, 요즘 인기가 있는 딸기우유색 립스틱이
다. 바쁜 아침, 이것 하나만 쓱싹 발라도 생기 있어 보이는 아주 편리한 아이템이다.

81 • Base Makeup

입술색이 붉거나
거무스름할 때는 손가락에
컨실러를 발라서 입술에
톡톡톡♪

바닐라코 닥터 하이드 듀얼 컨실러 팩트

바닐라코 키스 콜렉터 립 컬러 글로스

클리니크 수퍼밤 모이스처라이징 글로스

바닐라코 키스콜렉터 칼라픽스 PK549

Best ★ 보통 핑크색 립스틱을 바르면 동동 뜨는 느낌이 드는데, 이 립스틱은 발라보니 너무 예쁜 핑크색이어서 요즘 매일 바르고 다닙니다. 그리고 각질이 일어나지 않고 아주 부드럽게 발립니다.

So So ★ 색상과 발색력은 최고인데 지속력은 좀 떨어지네요.

베네피트 차차틴트

Best ★ 제품을 열었을 때 선명한 오렌지색인데 바르면 핑크빛이 살짝 도는 자몽색이에요. 건조함도 덜하고 지속력도 굿입니다.

So So ★ 입술색이 붉은 사람은 비비크림이나 컨실러로 입술색을 죽이고 발라야 예쁜 오렌지색으로 발색됩니다. 그냥 바르면 김칫국물 묻은 느낌이랄까.

바비브라운 크리미 컨실러

Best ★ 촉촉하게 스며들고 두껍게 바르지 않아도 잘 커버됩니다. 뚜껑을 열면 거울이 달려 있어서 휴대하면서 바르기 편해요.

So So ★ 손이나 브러시로 발라야 해서 스틱보다는 바르기가 약간 불편합니다. 그리고 양에 비해 가격이 좀 비싸네요.

토니모리 토니틴트 1호 체리핑크

Best ★ '국민틴트'라는 이름에 걸맞게 발색력이 최고입니다. 5천 원 미만으로 값도 저렴한데 양도 아주 많습니다. 봉이 내장되어 있어서 가지고 다니면서 바르기도 편하고요.

So So ★ 입술이 많이 건조한 편인데, 이거 바르면 더 트는 느낌이 들어요. 그리고 자연스럽게 발색하려면 아주 소량만 발라야 해요. 케이스가 부실해서 틴트가 자꾸 샙니다.

안나수이 립글로즈 309

Best ★ 안나수이 특유의 사랑스러운 장미향이 솔솔 납니다. 진한 핑크색처럼 보이지만 발색은 그렇게 진하지 않습니다. 바르면 유리알 같은 광택이 납니다.

So So ★ 금색 펄이 예쁘긴 하지만 입자가 좀 커요.

맥 스튜디오 피니시 컨실러

Best ★ 커버력과 밀착력이 정말 뛰어나요. 주근깨, 기미도 잘 커버되고 뾰루지의 붉은 기도 잘 잡아줍니다. 크림 타입 컨실러는 무거운 감이 있는데 이 제품은 전혀 그렇지 않네요. 땀과 물에 강하며 자외선 차단 기능도 있습니다.

So So ★ 거울이 내장되어 있지 않아서 휴대하면서 바르기는 어렵습니다.

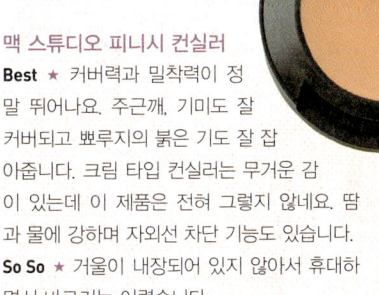

아껴서 오래 쓰는 알뜰함이 항상 미덕은 아니다
화장품의 유통기한

인터넷에 보면 오래된 립스틱을 블러셔로, 귀퉁이에 남아서 퍼프에 잘 묻어나지 않는 트윈케이크를 파우더로, 오래된 영양크림으로 헤어팩을 만드는 등 화장품을 재사용하는 알뜰 노하우들이 많다. 하지만 아무 생각 없이 화장대에서 먼지를 뒤집어쓰고 있는 오래된 화장품을 발랐다가는 피부 트러블로 고생할 수 있다. 화장품에도 유통기한이 있기 때문이다.

스킨 & 로션 ★ 스킨은 개봉 전에는 3년, 개봉 후에는 3~6개월 간 사용할 수 있다. 침전물이 생기고 물과 오일 성분이 분리되면 변질된 것이다. 청결하게 사용하고 서늘한 곳에 보관해야 한다. 로션은 개봉 후 1년 이내에 사용해야 한다. 색깔이 변하거나 물과 오일 성분이 분리되었거나 고약한 냄새가 나면 변질된 것이다.

에센스 & 크림 ★ 에센스는 개봉 전에는 2~3년, 개봉 후는 1~2개월 이내에 사용해야 한다. 크림은 개봉 후 1년까지 사용할 수 있다. 역시 변질되면 물과 오일 성분이 분리되고 고약한 냄새가 난다. 뚜껑을 잘 닫아서 서늘한 곳에 보관하고, 크림의 경우 손이 아닌 전용 기구(스패출러)로 덜어 내용물이 오염되는 걸 막는다.

기능성 화장품 ★ 개봉 전에는 2~3년, 개봉 후에는 3~6개월 이내 사용한다. 개봉한 후 1년이 지나면 모든 성분이 산화되기 때문에 제 기능을 발휘하지 못한다.

자외선차단제 ★ 개봉 전에는 3년, 개봉 후에는 1년 이내에 사용해야 한다. 고약한 냄새가 나거나 고르게 펴지지 않으면 변질된 것이다.

파우더 & 트윈케이크 ★ 개봉 전 3~5년, 개봉 후에는 1년 6개월 이내에 사용하는 것이 좋다. 두 제품 모두 서늘한 곳에 보관하고 퍼프는 자주 세척해주어야 한다.

메이크업베이스 & 파운데이션 ★ 개봉 전에는 2~3년, 개봉 후에는 1년 6개월 이내에 사용해야 한다. 덩어리가 생기거나 색이 변했을 경우에는 사용을 중지해야 한다.

립스틱 ★ 개봉 전에는 3~5년, 개봉 후에는 2~3년까지 사용할 수 있다. 립스틱에서 좋지 않은 냄새가 난다면 변질된 것이다. 입술에 직접 바르지 말고 전용 솔을 이용해 바르도록 한다.

마스카라 & 아이라이너 ★ 마스카라는 공기와 접촉하거나 먼지가 들어가면 쉽게 굳는다. 사용 후에는 뚜껑을 잘 닫아야 한다. 개봉 후 3~6개월 이내에 사용하고, 수분이 함유되어 있는 리퀴드 타입은 6~12개월 정도 사용이 가능하다 펜슬은 2~3년 정도 사용할 수 있다.

마스크 & 팩 ★ 개봉 전에는 3년, 개봉 후에는 1년 이내에 사용해야 한다. 농도가 묽어져서 짜낼 때 물이 섞여 나오거나, 물과 오일 성분이 분리되면 변질된 것이다. 사용 후에는 뚜껑을 잘 닫아서 냉장고에 보관하는 것이 좋다.

Makeup & Hair

납작하고 펑퍼짐한 코도 오똑하게
성형 수준의 콧날 쭈욱 테크닉

"매끈하게 쭉 뻗은 콧날이 부럽지만, 타고나야 하는 걸 어쩔 수 있겠어."
단념하기엔 이르다. 얼굴을 도화지라 생각하고 하이라이터와 섀도로 입
체감을 주면 납작한 콧대도 오똑 솟아오른다.

Step 1. 평소처럼 화장을 마무리하고 나서, 프레스 파우더를 콧날과 콧등
에 가볍게 덧발라서 코를 보송보송하게 만든다.

Step 2. 하이라이트 파우더를 브러시에 묻혀서 콧날에 쓱쓱 바른다.
만약 이마에도 하이라이트를 준다면 콧날과 이어지지 않도록 하자. 이마
에서 콧날까지 T존이 하나로 이어지면 마치 콧날에 분필을 넣은 듯 부자
연스러워 보인다. 손가락 마디 하나만큼 떨어트려서 각각 하이라이트를
넣는 게 좋다.

Step 3. 펄이 섞이지 않은 브라운 계열의 아이섀도를 브러시에 아주 약간
만 묻혀서 코의 양쪽 바깥면 부분에 작은 C자를 그린다.

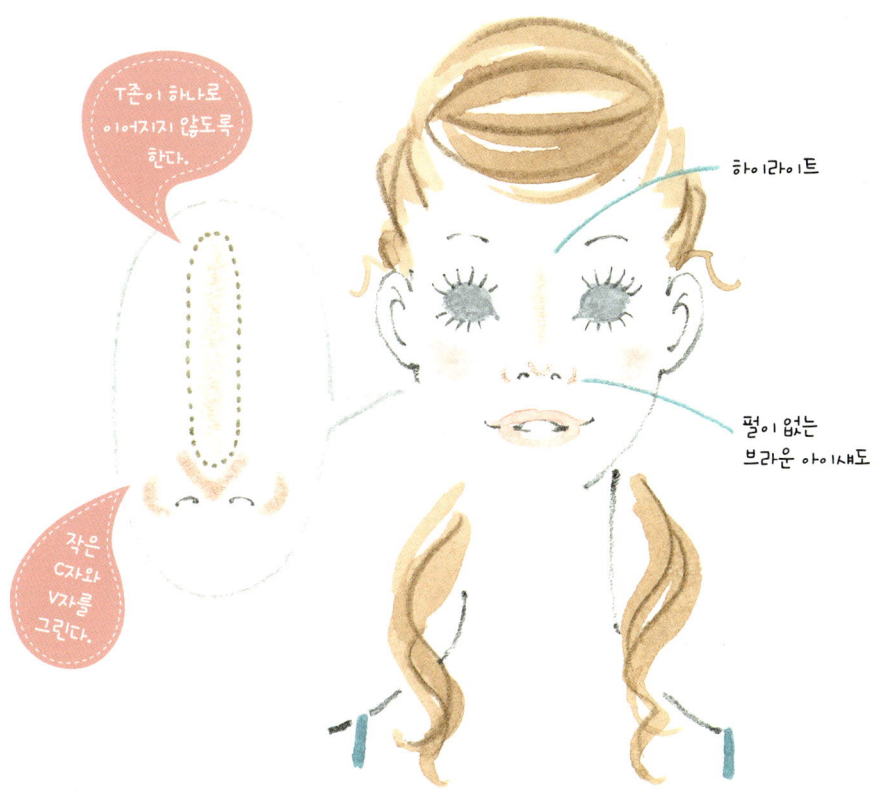

Step 4. 마지막으로 코끝에 살짝 V자를 그리듯이 섀도를 넣으면 완성!

고개를 옆으로 돌려 거울을 보면 신기하게도 콧날이 쑥, 코끝이 가름해 보인다. 이 테크닉의 비밀은 콧날에 넣은 하이라이트가 시각적으로 콧대를 높아 보이게 만들고, 코 바깥면과 코끝에 넣은 갈색 C자와 V자가 그림자를 만들어서 입체감이 생겼기 때문이다.

자연스럽게 보이려면 절대 진하게 넣지 말 것! 색깔을 알 수 없을 만큼 들어가 있는 정도가 딱 적당한 수준이다.

나스 하이라이팅 블러쉬 파우더 알바트로스

Best ★ 레몬에이드가 연상되는 샴페인 골드 빛깔의 파우더에요. 멀티제품이라 하이라이터로 사용하거나 아이섀도 베이스로 사용해도 좋습니다. 입자가 고와서 광택도 아주 자연스럽습니다.

So So ★ 약간의 가루날림이 있습니다.

클리오 아트 하이라이터

Best ★ 펄이 정말 미세하고 풍부해서 약간만 터치해도 볼륨 있는 화장이 가능해요. 피부도 윤기나는 게 기름이 껴서 번들거리는 것과는 차원이 다릅니다. 얼굴뿐만 아니라 팔, 쇄골에도 바르는데 햇빛에 반사되면 반짝반짝 예쁩니다. 손가락으로 문질러 아이섀도로 활용할 수도 있고요. 가루날림도 적고, 뚜껑 전체를 덮는 커다란 거울이 있어서 편해요

So So ★ 브러시 손잡이가 아치형이라 손에 착 붙지는 않습니다.

맥 스몰 아이섀도 웨지

Best ★ 매트하면서도 지속력과 발색력이 뛰어납니다. 음영을 주는 눈화장이나 자연스러운 눈썹을 연출하기에 좋은 색상입니다.

So So ★ 낱개인 걸 감안하면 가격이 좀 비싼 편입니다.

베네피트 훌라 브론즈 파우더

Best ★ 쉐딩용으로는 최고예요. 펄이 없고 색 자체가 자연스럽게 발색되면서 얼굴이 작아 보여요. 얼굴이 하얀 편인데 색이 어두워 보여서 너무 진하게 나오는 거 아닌가 걱정했습니다. 그런데 한 번 살짝 쓸어주면 그렇게 진하지도 않고 딱 맞는 거 같아요.

So So ★ 가루날림이 좀 있고, 쉐딩용으로 쓰기에는 용량이 너무 많아요. 평생 써도 다 못 쓸 거 같네요.

key item

기미를 감쪽같이 감추는 노란색 메이크업베이스와 파운데이션

빙글빙글 바르기

뺨에 퍼진 자욱한 기미 자국. 여성 호르몬 탓인지 오늘따라 어쩐지 더욱 더 진한 느낌이 든다. 이런 날 아침에는 노란색 메이크업베이스와 파운 데이션 빙글빙글 바르기가 해답이다.

Step 1. 먼저 스킨케어를 마친 다음, 노란색 메이크업베이스를 눈 밑과 뺨 에 퍼진 자욱한 기미에 약간 발라준다. 노란색은 동양 여성의 뺨에 가장 가까운 색이므로 자연스럽게 기미를 커버할 수 있다. 또한 얼굴 중심의 톤을 올리면 입체감이 생겨서 얼굴이 작아 보이는 효과까지 있다.

Step 2. 그 다음에는 평소대로 리퀴드 파운데이션을 얇게 바르면 된다. 기미를 커버하려고 파운데이션을 두껍게 바르면 오히려 더욱 나이 들어 보이게 되므로 주의하자! 그래도 여전히 기미가 걱정될 때는 눈에 띠는 기미에 리퀴드 파운데이션을 가운뎃손가락에 아주 조금만 묻혀서 빙글 빙글 원을 그리면서 덧발라준다. 빙글빙글 바르면 뺨에 잘 스며든다.

연하게 퍼진 주근깨에도 효과적인 방법이니 꼭 한 번 시험해보길 바란다.

코겐도 메이크업 컬러베이스 옐로우

Best ★ 안면홍조가 있고 붉은 여드름 자국도 군데군데 있는데 붉은 기를 잘 잡아줍니다. 파운데이션도 잘 흡수되도록 도와주고요. 보라색이나 녹색보다는 노란색이 붉은 피부에는 훨씬 잘 맞는 것 같아요.

So So ★ 건성피부에는 건조한 느낌이 있습니다. 바를 때 좀 뻑뻑하고요. 바르기 전에 로션이나 에센스를 충분히 발라줘야 합니다.

루나솔 컨트롤 메이크업베이스 클리어(옐로우)

Best ★ 노란색 메이크업베이스는 처음이라 이상하지 않을까 고민했는데 의외로 잘 맞았어요. 제 피부는 여드름 때문에 가끔씩 붉은 기가 돌아요. 얼굴에도 가볍게 밀착되고 피부톤을 제대로 살려줍니다. 미세한 펄이 들어 있어 펴바르면 은은한 광택이 돌아요. 높지는 않지만 자외선 차단 기능도 있습니다.

So So ★ 지성피부가 여름에 사용하기에는 무겁습니다.

바비브라운 내추럴 피니쉬 롱 래스팅 파운데이션

Best ★ 한동안 편하다는 이유로 비비크림을 즐겨 사용했습니다. 그런데 지성피부라 그런지 트러블이 자주 생기길래 오일프리제품으로 바꾸었습니다. 오일프리라서 끈적임도 덜하고 매트하면서도 너무 뻑뻑하지 않은 느낌이 맘에 듭니다. 답답한 느낌도 없고요.

So So ★ 커버력이 조금 약합니다. 컨실러와 함께 사용하면 두껍지 않고 자연스러운 화장이 가능합니다.

슈에무라 페이스 아키텍트 리파이닝 무스 파운데이션

Best ★ 전 세계에서 1초 당 20개씩 팔린다는 파운데이션입니다. 솜사탕처럼 폭신폭신 부드러운 무스 타입으로 부드럽게 발리고 피부에 착 밀착됩니다. 바르면 뽀송뽀송해져서 파우더를 따로 사용하지 않아도 됩니다.

So So ★ 사용하기 전에 잘 흔들지 않으면 색감이 전혀 다르게 나와요. 밀착력을 높이고 깔끔하게 바르려면 스펀지를 사용하는 게 좋고요.

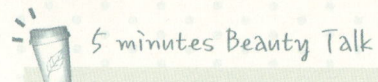

내 피부색에 꼭 맞는 파운데이션 고르기

곱게 화장한 얼굴과 목의 경계가 뚜렷해서 달걀귀신처럼 얼굴만 동동 뜬다면 그것만큼 부자연스러운 것도 없다. 대세는 한 듯 안 한 듯 자연스러운 화장이다.

피부에 맞는 파운데이션 색상을 찾기 위해 손등에 테스트를 하는 사람들이 많다. 하지만 손등은 얼굴과 색이 달라서, 손등색에 맞추면 얼굴색과 맞지 않을 확률이 높다. 먼저 피부톤과 비슷한 색상을 3가지 정도 골라서 뺨에서 턱으로 이어지는 부위를 따라 세로 줄을 긋듯 길게 발라 확인해본다. 만약 매장의 조명이 너무 밝거나 노랗다면 자연광 아래서 확인해볼 필요가 있다. 이렇게 해도 자신의 피부색에 맞는 색상을 찾지 못했다면 색상이 다른 파운데이션을 섞어서 사용하면 된다.

기미나 주근깨가 많거나 여드름 흉터 등으로 피부 착색이 심한 경우에는 자신의 피부톤보다 한 톤 어두운 파운데이션을 1:1로 섞어 사용하면 결점이 커버된다. 피부가 건조한다면 오일을 한 두 방울 떨어뜨려 사용하면 피부가 촉촉해 보이는 물광효과를 낼 수 있다.

시도 때도 없이 붉어지는 뺨

보색대비로 피부색을 감쪽같이 보정

소녀처럼 발그레한 볼은 혈색이 좋아보이게 할 뿐만 아니라 앳되어 보이게 한다. 하지만 지나치게 볼이 붉으면 술에 취한 것처럼 보일 뿐만 아니라, 흥분한듯 보이기도 한다. 가리고 싶은 마음에 파운데이션과 컨실러를 여러 번 바르면 이번에는 화장이 두꺼워져서 나이 들어 보인다. 이럴 때는 피부색으로 커버하지 말고 색의 마술을 이용해보자.

먼저 스킨케어를 한 다음, 파운데이션을 바르기 전에 '그린색 메이크업 베이스'를 뺨이나 붉은색이 신경 쓰이는 부분에만 얇게 바른다. 그 다음엔 평소처럼 파운데이션을 바르기만 하면 된다.
그린색이 붉은 기를 완화시키고 파운데이션 색과도 잘 어우러져 자연스럽게 마무리된다.

똑같은 효과로 눈꺼풀의 붉은 기가 걱정될 때에도 그린색 계통의 아이섀도를 바르면 말끔해진다.

시세이도 프레스티지 화이트 루센트 브라이트닝 컨트롤 베이스

Best ★ 메이크업베이스는 잘 안 썼었는데 화장을 해도 잘 안 받아서 구입했습니다. 자외선차단제 바르고 작은 진주 한 알만큼을 잘 펴 발랐는데 너무 뽀얘지는 거예요. 역시 기초가 탄탄하니까 그 다음 화장이 잘 먹더군요. 화장도 오래가고요. 지성피부인데 번들거림도 전혀 없습니다.
So So ★ 너무 많이 바르면 경극 분장처럼 하얘지니 주의가 필요해요. 건성피부에는 약간 매트한 감이 있습니다.

미샤 M 시그너처 래디언스 메이크업베이스

Best ★ 처음엔 촉촉해보였는데, 바르면 매트해지네요. 지성피부가 쓰기에 좋을 것 같아요. 메이크업베이스를 바르고 비비크림을 바르니까 얼굴색이 보정돼 그런지 쫌 더 화사한 느낌이 들어요.
So So ★ 부드럽게 잘 발리는 편이고 뭉치지 않습니다. 하지만 펄이 들어 있다는데 티가 안나네요.

코겐도 컬러베이스 그린

Best ★ 소량으로 발라도 잘 펴져 얼굴 전체에 펴 비를 수 있고요. 밀림이나 끈적임 없이 잘 발립니다. 피부톤을 환하게 보정해주고 뽀송뽀송하게 마무리됩니다. 오후 2시 넘으면 얼굴에 기름기가 도는데 이 제품 사용하고부터 기름종이가 필요 없어졌어요.
So So ★ 많이 바르면 심하게 하얘집니다. 양 조절 필수!

에뛰드하우스 수분가득 콜라겐 에센스 인 베이스

Best ★ 에센스만 바르고 바로 발라도 뜨지도 않고 촉촉한 것이 수분크림 바르고 바른 느낌이었어요. 또 은은한 펄감이 있어서 피부가 윤기 있어 보입니다.
So So ★ 조금만 발라도 하얘져서 많이 바르면 얼굴과 목에 경계가 생길 수 있습니다.

RMK 컨트롤 컬러

Best ★ 스킨처럼 묽은데다 색도 거의 없어서 이게 과연 효과가 있을지 걱정했는데 일단 발라보니 묽은 만큼 얇게 펴 발라지는데다 파운데이션, 컨실러, 파우더, 색조화장 등이 쓱쓱 정말 부드럽게 발립니다. 보통 저녁에는 거의 남아있지 않던 화장이 꽤 오래 밀착되어 있어서 화장 고치는 횟수도 줄었습니다. 그리고 무엇보다 에센스처럼 촉촉해서 건성피부에 아주 잘 맞습니다.
So So ★ 다른 제품에 비해 커버력이 약하고, 자외선 차단 기능이 없습니다.

시도 때도 없이 붉어지는 얼굴, 생활습관부터 교정

안면홍조는 신경계통이나 혈관의 수축이완 작용에 이상이 생겨 얼굴 및 상체에 있는 모세혈관이 늘어나는 질환이다. 선천적으로 피부가 희고 얇은 사람일수록 잘 생긴다. 특히 추운 바깥에서 활동하다가 따뜻한 실내로 들어가는 순간 붉어지는 증상이 나타난다. 온도가 내려가면 혈관이 수축하고, 온도가 올라가면 혈관이 확장하기 때문이다.

안면홍조를 예방하기 위해서는 생활습관을 교정할 필요가 있다. 세안은 미지근한 물로 시작해서 찬물로 마무리하면 피부의 저항력을 높일 수 있다. 세안제는 자극이 없는 것을 사용한다. 또 피부에 자극이 될 수 있는 팩이나 스크럽 제품은 삼가야 한다. 매운 음식이나 카페인이 들어 있는 음식, 알코올 등을 삼가고 비타민과 단백질을 충분히 섭취해야 한다. 만성적으로 자외선에 노출되면 피부의 혈관을 감싸고 있는 탄력섬유가 손상돼 안면홍조가 생길 수 있기 때문에, 자외선차단제는 잊지 말고 꼭 바르는 것이 좋다.

쏘 내추럴 블러쉬 스칼렛 디미니쉬 크림

Best ★ 건조하거나 안과 밖의 온도차가 클 때는 얼굴이 심하게 붉어져서 정말 고민이었어요. 광고 보고 바로 구입했는데, 사용한지 얼마 안 되었을 때는 효과가 있는지 잘 모르겠더라고요. 그런데 한 병을 다 써갈 무렵에는 붉은 기가 좀 옅어지고, 온도나 습도 등 환경변화에 피부가 덜 예민해진 것 같습니다. 볼이 화끈거릴 때 바르면 시원해지면서 피부가 진정되는 효과도 있습니다.

So So ★ 며칠 만에 붉은 기가 확 사라지는 드라마틱한 효과는 없습니다.

피부 속까지 건강하게 만드는
이너뷰티

직장인들의 하루는 전쟁을 방불케 한다. 출근길 콩나물시루 같은 버스와 지하철 안에서 선 채로 잠깐씩 눈을 붙이고, 야근을 해도 턱밑까지 쌓인 일은 줄어들지 않고, 자기계발을 위해 취미생활 하나쯤은 있어야 하고……. 이런 직장인에게 건강과 미용을 위해 몸에 좋은 음식을 꼭 챙겨 먹으라는 말은 공허하기만 하다. 피부 속이 엉망이라면 비싼 화장품을 발라봤자 도루아미타불이다. 바쁜 직장인들이 간편하게 피부 건강을 챙길 수 있는 방법은 무엇이 있을까.

피부에 좋은 성분을 알약이나 음료로 만든 이너뷰티 제품

촉촉한 피부를 위한 히알우론산

물기를 머금은 듯 촉촉해 보이는 '물광피부'는 모든 여자들의 로망이다. 물광피부가 되기 위해서는 피부 속 수분 밸런스가 중요하다. 하지만 물을 많이 먹기만 한다고 피부 속에 수분이 채워지는 건 아니다. 물은 피부에 도착하기 전에 다른 곳에 쓰이거나 소변으로 배출된다.

히알우론산은 피부 진피층을 구성하는 성분으로, 수분크림의 원료로 쓰이거나 피부과 시술에 사용되는 성분이다. 자기 무게의 1000배

이상의 수분을 저장하여 피부 속 수분 밸런스를 유지한다. 나이가 들수록 히알우론산은 자연적으로 감소해 피부 건조 현상을 부추긴다. 시중에는 음료처럼 마시거나 알약 형태로 된 히알루론산 제품이 다양하게 출시되어 있다.

탱탱한 피부를 위한 콜라겐

피부 속에 콜라겐이 많아야 탱탱함이 유지된다. 그런데 나이가 들면 콜라겐이 점점 줄어들어 피부 탄력도 떨어진다. 이미 콜라겐의 미용 효과가 많이 알려져 있어 족발, 돼지껍질, 닭발 등 콜라겐이 많다는 식품을 일부러 찾아 먹는 여성이 많다. 시중에는 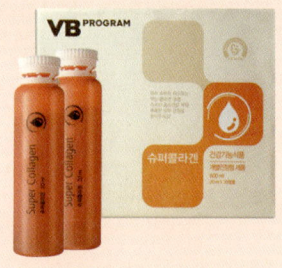 체내에 흡수되기 쉽게 콜라겐 분자를 작게 만들고 콜라겐 합성을 돕는 비타민C를 첨가한 드링크 형태의 제품이 나와 있다.

화사한 피부를 위한 스쿠알렌

피부에 산소가 원활히 공급돼야 죽은 각질이 빨리 떨어져 나오고, 새 피부가 빨리 돋아나는 등 피부 세포가 제 기능을 충분히 할 수 있다. 스쿠알렌은 피지에도 함유된 성분으로 피부에 산소를 공급해 세포 활동을 원활하게 한다. 하지만 25세가 지나면 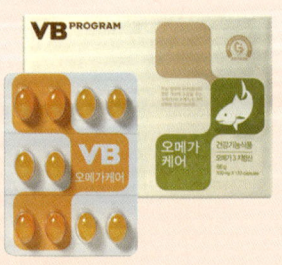 서서히 줄어들기 때문에, 먹어서 보충해줄 필요가 있다.

맛도 좋고 피부에도 좋은, 홈 메이드 주스

피부가 탱탱해지는 과일식초 소다

❶ 밀폐 용기에 사과식초, 과일(키위, 자몽, 블루베리 등) 자른 것, 설탕을 1 : 1 : 1의 비율로 넣는다. ❷ 냉장고에 넣고 하루에 한 번 흔들어주면서 일주일 동안 놓아두면 과일식초가 완성된다. ❸ 과일식초는 탄산수와 3 : 7 정도로 희석하면 아주 맛있다. 취향에 따라 벌꿀이나 레몬즙 등을 넣어 마셔도 좋다.

칙칙함이여 안녕, 피부를 투명하게 만드는 당근사과 주스

❶ 당근과 사과를 껍질째 큼지막하게 썰어서 1 : 1 비율로 믹서에 넣고 갈면 눈 깜짝할 사이에 아름다운 피부를 위한 신선하고 맛 좋은 주스가 완성 된다! ❷ 우유를 넣으면 맛이 부드러워지고, 당근 냄새도 약해진다.

혈액순환을 촉진하는, 생강 음료수

❶ 생강의 껍질을 벗긴 다음 큼지막하게 썰어서 끓는 물에 넣는다. ❷ 보글보글 끓어오르면 불을 끄고 식힌 다음, 생강 건더기는 건져낸다. ❸ 생강 우려낸 물은 꿀을 첨가해서 차게 혹은 따뜻하게 마신다. 향신료로 많이 사용하는 생강은 주변에서 쉽게 구할 수 있는 아로마테라피 재료. 생강의 매콤하고 알싸한 향은 피로, 소화불량, 식욕부진, 감기, 편도선염에 효과가 있다. 꾸준히 마시면 몸 속까지 따뜻해지면서 피부도 탱탱해진다.

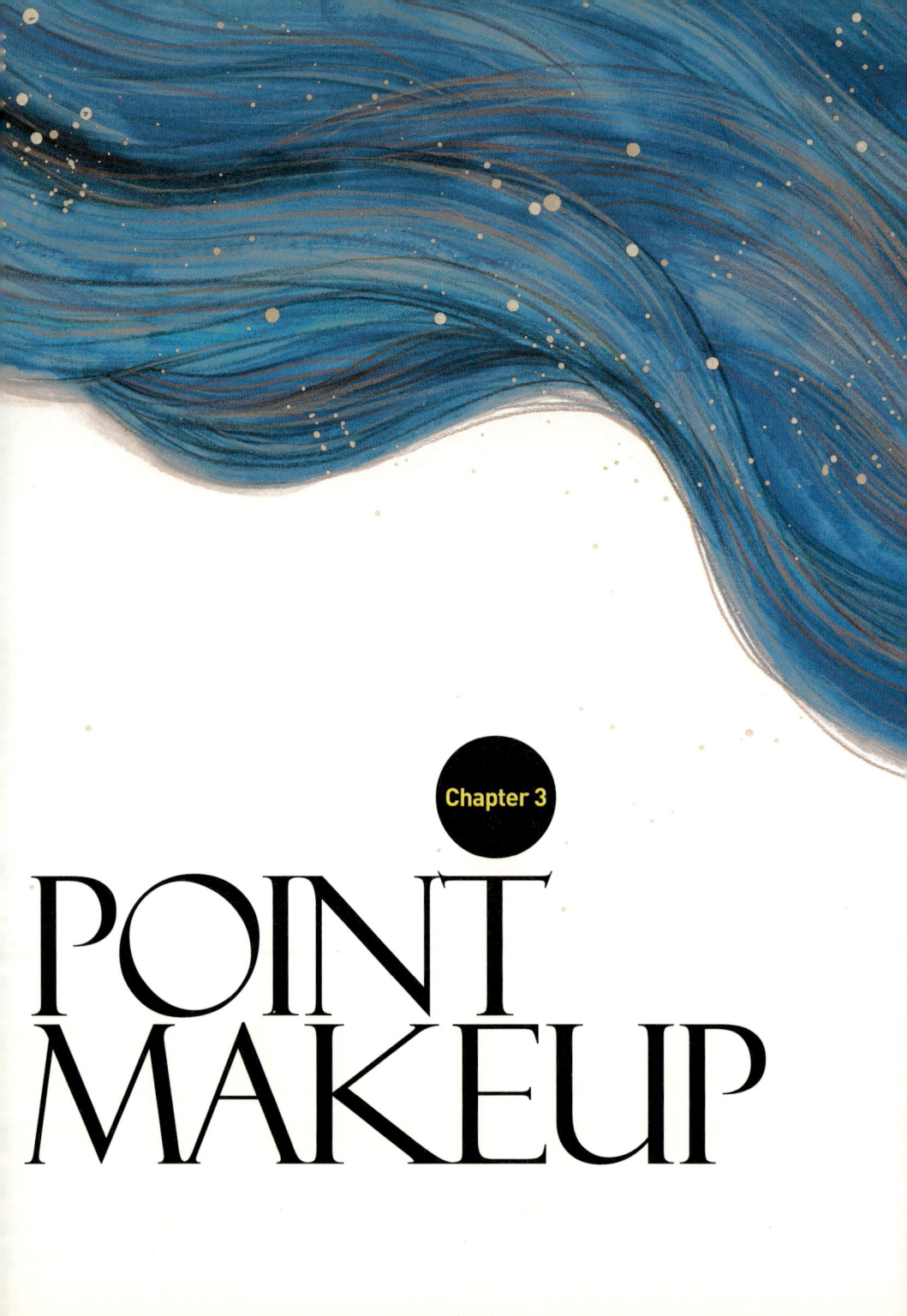

Chapter 3

POINT
MAKEUP

Morning **5 Minutes**
Makeup & Hair

Makeup & Hair

자연스러운 볼터치를 위해 기억해야 할 숫자

'2'와 '3'

나이가 들수록 얼굴색이 칙칙하고 생기 없어 보인다. 그렇다고 나이를 되돌릴 수도 없는 노릇이고……. 그럴 때는 블러셔를 사용해서 10대 소녀 같은 복숭아빛 피부로 살포시 되돌려보자.

Step 1. 오렌지색 계열의 블러셔와 핑크색 계열의 블러셔 두 가지 색의 블러셔를 준비한다. 한 가지 색깔보다는 몇 가지 색을 섞어 바르는 것이 더 자연스럽다. 오렌지색 블러셔는 혈색을 좋아 보이게 하고, 핑크색 블러셔는 피부가 부드러워 보이게 한다.
운동을 해서 상기되었거나, 얼굴을 붉힐 때 자연스럽게 변하는 뺨의 색깔과 동일 색상이 자신에게 맞는 블러셔 색상이다.

Step 2. 화장을 다 마친 상태에서 오렌지색 블러셔를 귀의 옆을 기점으로 광대뼈를 향해서 음영을 만든다는 느낌으로 쓱 바른다.

Step 3. 싱긋 미소를 지을 때에 볼록해지는 볼 부분(애플존)에 연한 핑크색 블러셔를 둥글게 굴리듯이 바른다.

Step 4. 이번에는 같은 핑크색으로 아주 연하게 귀 옆에서 턱 끝에 걸쳐
서 커다랗게 숫자 '3'을 그린다.

이렇게만 해도 자연스러운 입체감이 생겨서 생기발랄한 느낌이 든다.

바닐라코 더 시크릿 페이스 블러셔 베니쉬

Best ★ 은은하게 발색되면서 얼굴이 화사해 보입니다. 자연스러운 메이크업을 좋아하는 분이라면 아주 좋아할 듯. 펄감이 있어 바르면 피부가 윤기나 보여요. 디자인이 너무 예뻐서 사용하기 아까울 정도고요.
So So ★ 가루날림이 좀 있습니다.

바닐라코 페이스 러브 블러셔 03

Best ★ 발색력이 좋아서 살짝만 발라주면 볼이 예쁘게 발그레해집니다. 펄이 과하지 않아서 자연스러운 광택이 나고요. 브러시로 한 번 쓸어주면 하이라이트 효과를 볼 수 있습니다.
So So ★ 가루날림이 좀 있습니다.

헤라 샤이니 센트 블러셔

Best ★ 단색으로 된 블러셔보다 생동감 있고 혈색이 좋아 보이게 만듭니다. 요즘 인기 있는 윤광 피부 메이크업의 마지막 단계에 사용하면 '화룡점정'이 될 제품이네요.
So So ★ 적은 양으로도 발색이 잘 돼서 조금씩 조심해서 발라야 해요.

겔랑 블러셔 에끌라 체리블라섬

Best ★ 복숭아빛 블러셔 구입하려고 하면 핑크색이 좋을 것 같고, 핑크색 블러셔 구입하려고 하면 복숭아빛이 더 좋을 것 같고…… 자장이냐 짬뽕이냐 만큼 고민되는데 이 제품이야말로 '짬짜면' 같은 존재입니다. 예쁜 핑크색과 복숭아색이 어우러져 있어서 잘 믹스해 바르면 사랑스러운 살굿빛이 감도는 뺨이 된답니다.
So So ★ 붓으로 몇 번 쓸면 아름다운 문양이 금방 없어집니다.

베네피트 단델리온

Best ★ 살굿빛이 살짝 가미된 핑크색입니다. 가볍게 톡톡 바르면 수줍은 소녀처럼 보이네요. 가루날림도 적고 양도 아주 많습니다.
So So ★ 발색이 너무 잘 돼서 생각 없이 바르면 낮술 거하게 한 것처럼 보여요. 그리고 종이 용기라 충격에 좀 약하네요.

이것만은 꼭 피하자! 화장품 유해성분

피부에 직접 닿는 화장품을 고를 때는 어떤 성분이 들
어 있는지, 인체에 유해하다고 의심되는 화학물질은 포
함되어 있지 않은지 확인해야 한다.

탈크(talc)

피지를 흡수해 피부를 부드럽고 보송보송하게 유지하는 특성이 있어 파
우더류에 많이 사용되는 성분이다. 1급 발암물질인 석면이 함유되어 있
을 수 있으므로 가급적 피하는 것이 좋다.

미네랄 오일(mineral oil)

'미네랄'이라는 단어는 건강에 좋은 긍정적인 인상을 주지만, 미네랄 오
일은 피부 호흡을 방해하여 트러블을 유발할 수도 있다. 피부가 건강하
려면 공기 중의 산소를 끊임없이 투과시켜야 하는데 미네랄 오일은 이런
산소 유입 통로인 모공을 막는다.

아보벤젠(abobenzone)

자외선차단제에 많이 사용되는 성분이다. 햇볕과 만나면 활성산소를 생
성하고 DNA를 손상시켜 암을 유발한다. 화장품에 사용될 경우에는 배합
한도가 5% 미만이다.

파라벤(parabens)

화학 방부제로 로션, 크림, 샴푸 등에 광범위하게 사용된다. 파라벤은 여
성호르몬과 유사한 구조를 갖고 있기 때문에 인체에 흡수되면 에스트로

겐 호르몬계를 교란시켜 여성의 유방암 발병율을 높이는 원인이 되기도 한다. 뿐만 아니라 파라벤의 종류 중 메틸파라벤은 자외선과 닿을 경우, 세포를 죽여 노화를 촉진한다. 단일 성분은 0.4% 이상, 복합 성분은 0.8% 이상을 사용할 수 없다.

옥시벤존(oxybenzone)

립스틱, 아이섀도, 자외선차단제에 주로 사용된다. 알레르기를 유발하며 호흡기, 순환기, 소화기 장애를 일으킬 수 있다. 배합한도는 5% 미만이다.

합성착색료

법적으로는 허용되고 있지만 위험성이 있는 성분이다. 황색 4호, 적색 219호, 황색 204호는 몸이나 피부 안쪽의 혈관이나 모세 혈관에 출혈이 일어나는 흑피병의 원인이다. 적색 202호는 입술염증의 원인이다.

일반적으로 소비자들은 천연화장품은 화학성분이나 방부제를 사용하지 않고 천연 원료만 사용하기 때문에 피부에 부담을 주지 않을 것으로 생각한다. 하지만 유기농이나 천연화장품이라고 홍보하는 대부분의 제품들은 주원료만 유기농 혹은 천연원료이고, 부원료로 방부제나 화학물질을 첨가하고 있다. 즉 천연화장품은 일반 화장품에 비해 천연성분이 많이 들어갔다는 뜻이지, 유해성분이 전혀 안 들어간 제품은 아니다. 만일 화학물질이 전혀 들어가지 않았다면 세균, 곰팡이에 취약해 변질될 위험이 더 높다. 화장품을 선택할 때는 무조건 천연성분이 많이 들어간 제품을 고집하기보다, 유해성분이 덜 들어간 제품을 선택하는 것이 현명하다.

Makeup & Hair

아찔한 속눈썹을 하루 종일 유지하는
속눈썹 드라이

비나 더위 때문에 습기가 많은 날, 눈썹이 확실하게 올라가지 않거나 힘들게 만든 컬이 유지되지 않아서 고민해본 적 없는가? 습기가 많은 날은 뷰러로 눈썹을 몇 번씩 올려도 잘 올라가지 않고, 마스카라를 여러 번 바르면 뭉치기만 한다. 특히 가늘고 힘이 없는 동양인의 속눈썹은 마스카라만 바르면 축 처지기 쉽다.

이럴 때는 속눈썹도 따뜻한 바람으로 드라이를 해보자.

Step 1. 드라이어로 뷰러를 5초 정도 데워서 속눈썹을 집어 올린다. 뷰러가 따뜻해지면 속눈썹 고데기 같은 효과가 생겨서 컬을 만들기 쉬워진다. 속눈썹은 한 번에 전부 집어 올리려고 하지 말고, 속눈썹 뿌리-중간-끝 순으로 올린다.

Step 2. 마스카라를 두 번 칠하고 나서, 턱을 130도 정도까지 치켜들고 드라이어를 얼굴과 수평이 되도록 턱 가까이에 댄다. 속눈썹에 따뜻한 바람(저온 또는 약풍)을 5초 정도 쐬어준다. 이렇게 하면 마스카라가 바짝 말라서 컬이 단연 오래 유지된다.

속눈썹 드라이는 특별히 시간을 낼 필요가 없다. 머리를 말리면서 겸사 겸사 할 수 있기 때문에 시간까지 절약할 수 있는 일석이조의 비법이다. 간단한 드라이 비법으로 또로록 말려 올라간 아름다운 속눈썹과 즐거운 기분을 하루 종일 유지할 수 있다.

미샤 프로페셔널 아이래쉬 컬

Best ★ 손잡이에 고무가 둘러져 있어 미끄러질 염려가 없고, 뷰러가 흔들리지 않아서 눈썹을 안정감 있게 올릴 수 있네요. 해외 브랜드에서 나온 뷰러는 굴곡 많은 서양인 눈에 맞춰져 있다는 느낌이었는데, 이 제품은 눈가에 지방이 많은 동양인 눈에 맞춘 형태라 그런지 눈썹 올려다가 살이 집히는 일은 없습니다.

So So ★ 눈썹과 닿는 부분 고무가 부드러워서인지 눈에 닿는 느낌도 아주 부드럽고 자극적이지 않지만, 눈썹을 올리는 힘이 약해요.

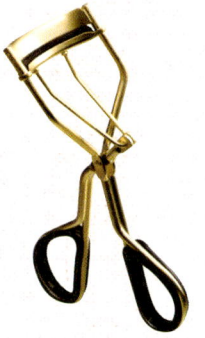

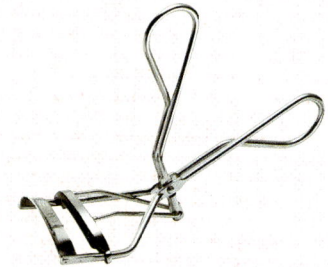

시세이도 아이래쉬 컬러(뷰러)

Best ★ 매번 저렴한 것만 사용하다가 주변에서 칭찬을 많이 하길래 바꿨습니다. 역시 입소문난 이유가 있었더군요. 힘 들이지 않아도 눈썹이 끝까지 아주 깔끔하게 잘 올라갑니다. 특히 뷰러의 곡선이 완만해서 동양인처럼 길쭉한 눈매에 잘 맞습니다.

So So ★ 저렴한 뷰러 10개는 살 수 있을 만큼 비싼 가격이 단점이라면 단점이지요.

트위저맨 포 베네피트 프로컬 컬러

Best ★ 손잡이가 잡기 편하고 연결부위가 부드러워서 사용하기 좋아요. 또 실리콘 패드가 두툼해서 속눈썹까지 확실하게 집어줍니다.

So So ★ 뷰러의 곡선이 완만해서 눈매가 일자형인 사람에게는 아주 좋겠지만, 동글동글한 눈매에는 적당하지 않은 것 같아요.

에뛰드하우스 코팅 뷰러

Best ★ 가격이 저렴해서 초보자들이 연습용으로 쓰기에는 좋은 것 같아요.

So So ★ 가격이 싸서 좋았지만, 몇 번 쓰니까 눈썹이 잘 올라가지 않네요. 이 제품 혹시 일회용인가요? 게다가 처음에는 괜찮았는데 여러 번 사용하니 눈썹 놀릴 때마다 아까운 속눈썹이 하나둘씩 빠집니다.

Makeup & Hair

대책 없이 펑퍼짐하게 부은 얼굴을 샤프하게!
'살짝 코 섀도'로 만드는 또렷한 이목구비

밤새 보름달처럼 부어버린 얼굴. 이런 날은 이목구비도 펑퍼짐해진 느낌이다. 간단한 방법으로 얼굴을 빠른 시간 안에 또렷해 보이게 만들 수는 없을까? 그러려면 얼굴에 입체감을 줘서 팽팽하게 보일 필요가 있다.

Step 1. 먼저 화장 마무리 단계에서 매트한 브라운 컬러의 아이섀도나 펄이 들어 있지 않은 페이스 파우더와 가늘고 끝이 둥근 아이섀도 브러시를 준비한다.

Step 2. 콧대와 눈썹머리를 연결하는 부위(눈썹에서 코로 이어지는 커브의 바로 밑)에 둥글고 연하게 섀도를 넣는다.

'살짝 코 섀도'의 포인트는 넣는 위치와 넣는 법이다. 브라운 섀도를 약간만 발라줘도 얼굴에 입체감이 생겨서 콧날이 오뚝해 보인다. 마치 석고상을 데생할 때처럼 콧대와 눈썹머리의 연결 부위에 음영을 만들어서 착시현상을 불러일으키는 것이다. 콧날 전체에 섀도를 넣으면 부자연스럽게 보이니 피하도록 하자.

브라운 계열의 아이새도를 눈썹머리와 콧날의 연결 부위에 엷고 둥글게 바른다.

베네피트 빅 뷰티풀 아이즈

Best ★ 서로 너무 잘 어울리는 컬러의 아이새도들이 자연스럽고 세련된 색감을 연출합니다. 또 가장 어두운 컬러의 새도는 눈썹을 그릴 때 사용할 수 있고, 가장 밝은 컬러의 새도는 눈썹 밑 하이라이트용으로도 사용이 가능합니다. 내장된 브러시의 질도 아주 좋습니다.

So So ★ 피부가 아주 하얀 편인데 내장된 컨실러의 색이 좀 어둡습니다. 그리고 케이스가 종이라 가지고 다니면 모서리가 닳습니다.

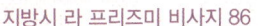

key items

지방시 라 프리즈미 비사지 86

Best ★ 과하진 않으면서 발색이 은은합니다. 아이새도, 블러셔, 새딩 두루 사용할 수 있습니다. 내장된 브러시도 아주 부드럽습니다.

So So ★ 백화점이나 면세점에서 구입하는데, 원하는 색상이 자주 품절되네요.

맥 스몰 아이새도 웨지

Best ★ 매트하면서도 지속력과 발색력이 뛰어납니다. 음영을 주는 눈화장이나 자연스러운 눈썹을 연출하기에 좋은 컬러입니다.

So So ★ 낱개인 걸 감안하면 가격이 좀 비싼 편입니다.

Makeup & Hair

눈동자는 반짝반짝, 인상은 앳되어 보이는

애교살 테크닉

· "연일 야근이라 계속 수면부족 상태야."

"고민이 많아서 그런지 밤새 뒤척이느라 잠을 잘 못 잤어."

잠을 잘 못 자서 피곤이 충분히 풀리지 않은 아침에는 눈의 흰자위도 흐리멍덩하다. 또 다크서클이 짙어져서 아픈 사람처럼 보이기도 한다. 이런 날은 평소 하던 화장에 눈동자를 맑게 보이게 만드는 테크닉을 하나 추가해보자.

Step 1. 펄이 들어 있는 연한 핑크색 아이섀도를 눈화장 맨 마지막에 아래 눈꺼풀 전체에 선을 그리듯 바른다.

아이섀도로 눈 밑에 애교살을 만든다고 상상하면서 1센티미터 정도 폭으로 바르는 것이 포인트다.

애교살은 아래 눈꺼풀에서 도톰하게 입체적으로 부풀어 오른 부분을 말한다. 애교살이 있으면 한층 앳되어 보인다.

아이섀도에 들어 있던 펄이 반사되어 눈동자가 반짝반짝해지면, 흰자가 맑아 보이고 눈물이 맺힌 듯 눈이 촉촉해 보이는 효과가 있다.

Step 2. 아이섀도를 바른 다음에는 손가락으로 가볍게 꼭꼭 눌러준다. 특히 아래 눈꺼풀에 바른 아이섀도는 지워지기 쉽다. 이렇게 하면 밀착력이 높아져 하루 종일 깔끔함을 유지할 수 있다.

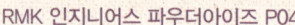

RMK 인지니어스 파우더아이즈 P04

Best ★ 눈두덩이에 바르기 보다는 눈 밑 애교살 부분에 발라주면서 눈물효과를 줘요. 여린 핑크색 펄이 반짝임이 강하지만 겉도는 느낌 없이 살색과 잘 어울립니다. 눈 밑에 바르는 것 강추합니다. 청순한 분위기를 연출하고 싶을 때 사용하면 딱입니다. 작은 제품인데 거울에 브러시까지 제대로 들어 있어서 사용하기도 편리합니다.

So So ★ 한 가지 색상인 것을 감안하면 가격이 꽤 비쌉니다.

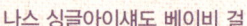

나스 싱글아이섀도 베이비 걸

Best ★ 고운 골드 펄이 은은하게 반짝입니다. 핑크나 퍼플 계열 아이섀도를 바를 때 베이스 개념으로 눈두덩이에 넓게 펴 바르면 다음에 바르는 색을 더 화사하게 만듭니다.

So So ★ 아이섀도를 닳아 없어질 때까지 사용하는 경우가 별로 없으니, 두 가지 색상이 들어 있는 것을 사는 게 활용성이나 경제적인 면에서 더 좋을 것 같아요.

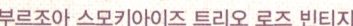

부르조아 스모키아이즈 트리오 로즈 빈티지

Best ★ 시간이 지나면 발색이 더 자연스러워집니다. 비슷한 톤의 세 가지 색상이 한데 모여 있어 이 제품 하나면 베이스에서 포인트까지 다 해결되니 편리하네요.

So So ★ 가루날림이 좀 있습니다.

베네피트 하이브라우

Best ★ 하이브라우는 완벽한 아치형 눈썹을 만들어주는 마법의 펜슬입니다. 눈썹을 정돈하고 눈썹 아래에 아치 모양의 라인을 그려주고 손가락으로 잘 펴주면 끝입니다. 아주 연한 핑크색이라 눈썹 아래에 바르면 한 톤 밝은 색이 나오고, 손가락으로 펴 바르니 전혀 뭉치지 않고 고르게 밀착됩니다. 예전에는 눈썹 뼈 부분에 하이라이트를 주기 위해 일부러 밝은 섀도를 바르곤 했는데 전용 펜슬로 바르니까 훨씬 부드럽고, 펄이 들어 있지 않아 굉장히 자연스럽습니다. 또 눈 점막에 칠하면 눈이 맑아 보입니다.

So So ★ 화장시간을 단축시켜주지만 비싸요.

클리오 아이러브유 섀도 펜슬 글로우 베이지

Best ★ 부드럽게 발리고 블링블링 반짝이는 게 아주 예쁩니다. 초보자도 눈 밑에 바르면 눈물효과를 쉽게 낼 수 있습니다. 발색도 잘 되고 팁으로 바르는 제품보다는 덜 번집니다.

So So ★ 아이섀도라 번짐이 전혀 없는 게 아니기 때문에 중간에 한 번쯤은 수정화장을 해줘야할 것 같아요.

Makeup & Hair

바쁜 아침에도 포기할 수 없는 인형 같은 속눈썹

인조 속눈썹 1분 완성 테크닉

오늘은 무척 중요한 아침. 평소보다 훨씬 공들여서 화장을 하고 싶지만
그럴 시간이 없다. 이럴 때는 눈에 힘을 실어주는 강력한 아이템인 인조
속눈썹을 사용하면 좋다.
'바쁜 아침에 인조 속눈썹이라니, 마스카라 바를 시간도 없는데…….' 이
런 걱정은 안 해도 좋다. 눈 깜짝할 사이 길고 풍성한 속눈썹이 생기는
'속성' 기술이기 때문이다.

Step 1. 기본적인 눈화장을 끝내고 나면 인조 속눈썹을 하나 준비해서 좌
우 끝부분에서 1센티미터 정도씩 자른다. 잘라낸 양쪽 끝부분이 우리가
사용할 속눈썹이다. 인조 속눈썹은 너무 길지 않은 것이 붙였을 때 자연
스럽다.

Step 2. 잘라낸 속눈썹을 양쪽 눈꼬리에 살짝 올려놓아 위치를 정한 다음
전용풀을 붙여서 고정한다. 작게 잘랐기 때문에 전체를 다 붙일 때보다
붙이기 쉽고, 마스카라를 덧칠하는 것보다 빠르고 효과적이다. 게다가
상당히 자연스럽게 마무리되므로 출근용 화장으로도 알맞다.

인조 속눈썹을 끝에서부터 1센티미터씩 자른다. 양쪽 눈꼬리에 잘라낸 속눈썹을 붙이면 눈에 힘이 생긴다.

에뛰드하우스 투명라인 속눈썹

로지로사 속눈썹 세트

D.UP 속눈썹 세트

미샤 속눈썹

귀걸이를 하면 1.5배, 속눈썹을 붙이면 3배 예뻐 보인다고 한다. 그만큼 길고 풍성한 속눈썹은 여성을 한층 아름답게 보이게 한다. 인조 속눈썹은 떼어낸 다음 풀을 씻어서 말려두면 몇 번이고 다시 쓸 수도 있으니 경제적이기도 하다.

바쁘다고 해서 아름답게 보이는 것을 포기하기 보다는 빠르고 간단하지만 효과적인 방법이 무엇인지 찾아보도록 하자.

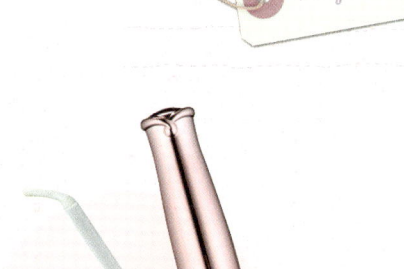

미샤 M 듀얼래쉬 인텐스 프로그램
(풍성한 속눈썹을 위한 에센스 영양제)

Best ★ 아이라이너와 마스카라 솔이 함께 들어 있어서 꼼꼼하게 바를 수 있습니다. 4주 정도 꾸준히 발라주면 눈썹 숱이 풍성해지고 탄력이 생깁니다. 눈썹 빠짐도 현저히 줄어들어듭니다.

So So ★ 처음 바를 때는 눈이 시리고 따갑습니다. 실수로 제품이 눈에 들어갔는데 정말 따갑더라고요. 바르고 자면 눈에 뭐가 낀 것처럼 찜찜한 느낌이 듭니다.

이니스프리 소이 래쉬 앰플

Best ★ 두 달째 사용 중입니다. 위쪽 속눈썹은 좀 더 길어지고 풍성해졌습니다. 아래쪽 속눈썹은 빈틈이 많았었는데 어느새 숱이 많아졌네요.

So So ★ 검은콩이 75% 함유되어 있다고 해서 자극적이지 않을 줄 알았는데, 눈에 들어가면 무척 따가워요.

에뛰드하우스 닥터래쉬 앰플 AD

Best ★ 속눈썹이 덜 빠지는 건 확실합니다. 꾸준히 사용하면 속눈썹이 좀 튼튼해지고 길어지는 것 같습니다.

So So ★ 확실히 사용하면 속눈썹이 조금 더 풍성해지는 느낌이지만, 드라마틱한 효과는 없는 것 같아요.

Makeup & Hair

쉽게 빠르게 커다랗게!

빠지고 싶은 그윽한 눈을 만드는 마법의 3단계

동그랗고 큰 눈은 매력적이다. 눈이 크면 실제 나이보다 더 어려 보인다. 게다가 눈동자와 눈매가 또렷하면 활기차게 보이고, 신뢰감이 든다. 그래서 중요한 프레젠테이션이 있거나 업무 상 미팅이 있는 날에는 눈화장에 공을 들일 필요가 있다. 이때 필요한 게 아이라이너다.

아이라이너는 밋밋하고 작은 눈을 크고 선명하게, 그리고 드라마틱하게 변신시키는 마력이 있다.

Step 1. 평소처럼 눈꺼풀 가장자리를 따라 펜슬 아이라이너로 아이라인을 그린다. 그 다음 눈동자 위아래 부분에만 한 번 더 짧은 라인을 그려준다. 이때 길이는 눈꺼풀에 닿는 눈동자 폭과 같은 길이로 그린다. 이렇게 하면 서클렌즈를 끼지 않아도 눈동자가 한층 크게 보인다.

Step 2. 마스카라를 속눈썹 뿌리부터 확실하게 바르면 눈의 윤곽이 크게 보인다. 턱을 약간 들어 올리고 솔을 속눈썹 뿌리에 확실하게 대는 것이 요령이다.

Step 3. 시선을 아래로 하고 손가락으로 눈꺼풀을 살짝 들어 올려 눈 가 장자리의 핑크색 점막이 보이게 한다. 속눈썹과 속눈썹 사이를 메워준다 는 느낌으로 리퀴드 아이라이너를 꼼꼼히 바른다.

눈동자, 속눈썹, 아이라인이 일체가 돼 눈의 윤곽이 또렷해 보이면서 매 력적인 커다란 눈이 완성된다.

바비브라운 롱웨어 젤 아이라이너

Best ★ 질감이 부드러워 눈에 자극이 별로 없습니다. 속눈썹과 점막을 브러시로 콕콕 찍어 메꾼다는 생각으로 아이라인을 그려주면 눈매가 자연스럽고 또렷해집니다. 전용 브러시를 따로 사야 하지만, 펜슬보다 훨씬 쉽습니다.

So So ★ 워터프루프 제품이라 비가 오는 날도 걱정 없고, 물가에서도 안심입니다. 그런데 유분에는 약해서 파우더로 눈가 주변을 자주 눌러주지 않으면 번지는 경우도 종종 생깁니다.

메이블린 더 매그넘 볼륨 익스프레스 마스카라

Best ★ 컬링은 기본이고 볼륨도 짱입니다. 게다가 뭉쳐서 속눈썹 세 가닥이 한 가닥으로 합체되어 있는 일이 드뭅니다. 한 올 한 올 깨끗하게 발립니다. 판다곰처럼 눈 밑이 검어지는 일도 없고 저녁때 집에 와서 거울을 봐도 눈썹이 아주 깔끔합니다.

So So ★ 번짐은 없는 반면 지울 때 조금 힘들어요.

바닐라코 아이러브 젤 아이라이너 내추럴 블랙

Best ★ 너무 부드럽게 잘 그려집니다. 번짐도 적고요. 그런데 신기한 게 아이리무버로 지우면 한 번에 싹 지워지네요.

So So ★ 속쌍꺼풀이라 아이라인이 안으로 들어가는데 오후가 되면 좀 번지네요.

바닐라코 스타일 아이라이너 펜슬 트루리 블랙

Best ★ 부드럽게 잘 그려지고, 심이 딱딱하지 않아서 피부 자극이 덜합니다.

So So ★ 물러서 금방 사용합니다.

미샤 더 스타일 4D 마스카라

Best ★ 가격도 저렴한데 번지지도 않고 짧은 눈썹도 아주 잘 올라갑니다.

So So ★ 오후가 되면 오전보다 눈썹이 좀 처져서 중간에 수정화장이 필요해요. 하지만 다시 발라도 잘 뭉치지 않네요.

클리오 워터프루프 펜 라이너 킬 블랙

Best ★ 젤아이라이너처럼 매번 브러시로 농도를 조절해가면서 바르지 않아도 되니 편리하고, 굉장히 얇고 진하게 그려집니다.

So So ★ 홑꺼풀에 지성피부인데 몇 시간 지나면 조금씩 번집니다.

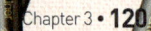

안경 쓴 여성이여, 아이라인으로 눈매를 강조하라!

안경을 쓰면 얼굴 화장이 어려워진다. 특히 눈화장이 까다롭다. 새도 색이 화려하면 안경테와 부딪쳐 요란해 보이고, 색이 밋밋하면 안경테에 눌려 티가 안 난다. 안경은 써야겠고 남들처럼 예쁜 눈화장은 하고 싶고…… 이럴 때는 아이라인이 답이다.

눈꺼풀을 따라 선을 그려 눈을 돋보이게 하는 아이라인은 이집트시대에 큰 눈을 가늘고 길어 보이기 위해 사용한 것이 시초다. 아이라이너는 크게 세 종류가 있다. 연필 모양의 펜슬 타입은 쉽고 빨리 그릴 수 있다. 하지만 유분에 약해 쉽게 번진다. 매니큐어처럼 내장된 붓으로 용액을 찍어서 사용하는 리퀴드 타입은, 초보자가 사용하기에는 좀 까다롭지만 라인이 선명하게 그려지고 잘 지워지지 않는다. 전용 브러시를 사용해 바르는 젤 타입은 이 둘의 중간 형태로, 그리기 쉽고 잘 지워지지 않는다.

안경을 쓰면 상대의 시선이 눈에 먼저 집중된다. 이 때문에 눈은 아이라이너를 이용해 또렷하게 만들고, 피부는 깨끗하게 입술은 투명하게 표현하는 게 좋다. 아이라이너의 두께는 안경테의 두께에 맞춰 조절한다. 안경테가 두껍다면 이이라인을 두껍게 그려 눈매를 강조하고, 안경테가 얇다면 아이라인을 얇게 그려 부드러운 인상을 만드는 게 좋다. 자신의 눈동자 색보다 조금 어두운 색상의 아이라이너를 사용하면 눈이 작아 보이는 것을 커버할 수 있다. 여기에 마스카라까지 발라주면 더욱 시원한 눈매를 만들 수 있다. 안경을 쓰면 대게 눈이 더 작고 튀어나와 보인다. 이때는 눈매에 음영을 주는 스모키메이크업이 효과적이다.

27

Makeup & Hair

카탈로그에서 본 것과 똑같은 발색

아이섀도의 발색력을 높이는 '샴페인 골드' 컬러의 마술

'분명히 손등에 발라서 테스트해봤는데, 막상 눈꺼풀에 발라보니 생각했던 색과 너무 다르네.'

'아침에는 예쁜 색이었는데, 오후에 화장을 고칠 때 보니 어쩐지 색이 칙칙해졌어.'

마음에 들던 아이섀도의 색상이 생각처럼 잘 나오지 않아 애를 먹었던 때는 없었는가? 원인은 대부분 눈꺼풀의 피부색이 칙칙하기 때문이다.

Step 1. 먼저 눈꺼풀에도 확실하게 파운데이션을 바르자. 기본적인 것임에도 의외로 이 과정을 건너뛰는 사람들이 꽤 많다.

Step 2. 파운데이션을 꼼꼼히 발랐다면, 이제 칙칙한 눈꺼풀을 화사하게 만들어줄 비법 아이템인 '샴페인 골드' 컬러의 아이섀도가 필요하다. 메인 아이섀도를 바르기 전에 먼저 샴페인 골드 컬러를 눈꺼풀에 살짝 발라준다. 이렇게만 해도 다음에 바르는 아이섀도가 예쁘게 발색된다.

바닐라코 아이 러브 마시멜로 섀도 02

비비브라운 롱웨어 크림 섀도 비치 허니

샴페인 골드 컬러
아이섀도를 눈꺼풀에
얇게 펴 바른다.

화사함의 비밀은 금빛에 있다. 금빛 펄이 칙칙해지기 쉬운 눈꺼풀을 밝아보이게 하고, 동양인의 약간 누르스름한 피부와 잘 어울려서 다음에 칠하는 컬러를 보다 깔끔한 색깔로 보이게 한다.

"겨우 이것뿐이야?"라고 생각할지 모르겠지만, 사소한 것으로 크게 변할 수 있다는 점이 화장의 힘과 재미다! 샴페인 골드 컬러 아이섀도는 파우치에 하나씩은 꼭 챙겨야할 아이템이다.

key item

RMK 인지니어스 파우더아이즈 P02

Best ★ 펄 빛깔은 말할 것 없고 지속력도 탁월합니다. 가루날림도 거의 없고요.

So So ★ 한 색상 가격치고는 비쌉니다.

바비브라운 쉬머 워시 아이섀도 샴페인

Best ★ 살짝 감도는 펄감이 완전 예술! 베이스로 깔고 다른 컬러를 바르면 정말 예쁩니다. 하이라이터로 사용할 수도 있습니다.

So So ★ 거울과 팁이 없어 휴대하기에는 조금 아쉽습니다.

부르조아 라운드 팟 아이섀도 94

Best ★ 펄이 미세해서 자연스러운 광택이 돌아 부담스럽지 않습니다. 발색도 잘 되고 지속력도 높습니다. 눈꺼풀의 잔주름을 감춰주고 톤을 밝게 만들어 베이스로 사용하기에 좋습니다.

So So ★ 내장된 팁으로 바르면 깔끔하고, 브러시로 바르면 가루 날림이 좀 있습니다.

베네피트 크리즈리스 크림 섀도우 버터 크림

Best ★ 은은한 아이보리색이라 청순한 매력이 돋보입니다. 발림성도 좋고, 지속력도 높고. 붕 떠 보이지 않고 은은하게 발색되서, 베이스로 딱 맞습니다. 크림 타입이라 손가락으로 쓱 문지르면 되니 바르기도 편하고요.

So So ★ 실수로 뚜껑을 열어 놓았더니 쩍 갈라졌어요.

에뛰드하우스
룩 앳 마이 아이즈 바닐라크림

Best ★ 펄이 아주 은은하니 청순하게 표현됩니다. 베이스로 깔면 다음에 바르는 색이 너무 예쁘게 발색되네요.

So So ★ 여러 번 발라야 진하게 나오네요.

미샤 더 스타일 샤인펄 섀도 SYE01
(라이트 옐로우)

Best ★ 살색과 자연스럽게 어우러지고 펄도 은은해서 베이스용으로 좋습니다. 이 색은 부어보이지도 않고 눈 밑이나 눈 앞꼬리에 바르면 눈이 커 보이고 조명 받으면 은은하게 생기 있어 보입니다. 급하게 나갈 때 이 색 바르고 아이라인만 쓱쓱 그리면 초췌해 보이지도 않고, 자연스런 화장으로 딱 맞네요.

So So ★ 옅은 색이라 발색이 완벽하게 같지는 않습니다.

Makeup & Hair

안젤리나 졸리처럼 또렷하고 도톰하게!
키스를 부르는 입술 만들기

요즘은 안젤리나 졸리처럼 볼록하고 도톰한 입술이 인기다. 볼륨 있는 입술은 왠지 섹시해 보인다. 하지만 립스틱을 많이 바르면 너무 처덕처 덕해지고 립글로스만으로는 그냥 번드르르해 보인다. 이때 부족한 2%가 바로 '입체감'이다.

Step 1. 먼저 펄감이 있는 연한 핑크색 립펜슬을 준비한다. 이 펜슬로 윗 입술의 3자 모양 산과 아랫입술 밑에 가늘게 선을 그린다.

Step 2. 이어서 누디한 립스틱 등장! 립 브러시를 사용해서 베이지나 밀 키 핑크 등 누디한 색감의 립스틱을 칠한다. 81쪽을 참고해서 입술 색을 보정하고 나서 칠하면 깨끗하게 발색된다.

Step 3. 마지막으로 입술 가운데 부분에만 립글로스를 바른다.

'어머나?' 이렇게만 해도 밋밋하던 입술에 입체감이 생겨서 예쁘고 도톰 한 입술이 완성된다. 이것이 화장의 신기한 마술이다!

입술 위아래에 립펜슬로
선을 그려주면 입체적으로
보인다.

key item

에스티로더 더블웨어 스테이 인 플레이스 립펜슬

Best ★ 부드럽게 그려지고 오렌지나 브라운 계열의 립 제품과
잘 어울립니다. 확실히 입술 라인을 그리고 립스틱이나 립글로
스를 바르면 훨씬 깔끔하고 입술도 또렷해 보여 좋습니다. 뒤
에는 브러시가 있어서 라인을 그리고 살짝 문질러 주면 입술
라인만 보기 흉하게 동동 뜨는 일도 없네요.
So So ★ 끝이 너무 뭉뚝해지지 않게 펜슬을 수시로 깎아줘야
하는 건 불편하네요.

나스 벨벳 글로스 립펜슬

Best ★ 립글로스를 사용한 것처럼 촉촉하게 발리지만 끈적이
지 않고 색상도 오래 지속됩니다. 펜슬 타입이라 립글로스보다
입술에 정교하게 바를 수 있어 좋네요.
So So ★ 무른 편이라 한 번 사용할 때마다 눈에 띄게 닳아요.

바닐라코 키스콜렉터 쉬머 스틱 SOR 214

Best ★ 화장을 진하게 하는 편이 아니라 연한 색 립스틱을 찾고 있었는데, 아주 딱 맞습니다. 립스틱인데도 립글로스처럼 부드럽게 발려요.

So So ★ 립스틱이라기엔 색이 좀 약한 편이에요.

바닐라코 키스콜렉터 본 보야지 립 컬러 글로스 C07

Best ★ 입술에 부드럽게 착색되고 지속력도 좋습니다. 펄이 없지만 바르면 젤리처럼 탱탱해 보이네요.

So So ★ 컨실러로 입술색을 죽여야 잘 발색됩니다.

미샤 시그너처 글램 아트 루즈 SPK101

Best ★ 발색도 잘 되고 촉촉해서 각질이나 주름이 부각되지 않아요.

So So ★ 케이스가 직사각형이라 한 방향으로 닫아야해서 불편해요.

에뛰드하우스 우 베이비 립 플럼퍼

Best ★ 틴트 위에 바르면 입술이 시원해지면서 통통해지는 느낌이에요.

So So ★ 투명 립글로스라 좀 부풀어 보이는 착시효과 아닐까요?

에스티로더 오토매틱 립펜슬

Best ★ 색감도 고급스럽고, 부드럽게 잘 그려집니다. 또 뭉쳐서 찌꺼기가 생기지 않습니다. 특히 브러시가 너무 좋습니다. 숱이 많고 잘 안 빠져서 아주 오래 사용할 수 있어요.

So So ★ 단점이라면 착하지 않은 가격이죠.

베네피토 립 플럼프

Best ★ 실리콘 성분이 입술 잔주름을 메워줘. 오동통 예쁜 입술을 만듭니다. 컨실러 역할을 하기 때문에 이걸 바르고 립스틱을 바르면 립스틱 자체 색이 살아납니다.

So So ★ 각질이 있는 상태에서 바르면 각질이 더 부각돼요. 사용 전 각질 제거는 필수입니다.

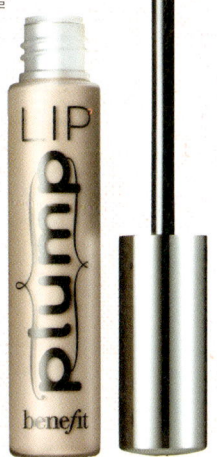

Makeup & Hair

좌우 짝짝이 눈썹을 위한

눈썹머리 위장술

누구든 자세히 보면 좌우 얼굴이 조금씩 다르다. 왼쪽 얼굴은 '사적인 얼굴', 오른쪽 얼굴은 '공적인 얼굴'이라고 한다. 우뇌의 지배를 받는 왼쪽 얼굴은 기쁨이나 슬픔 등 감정이 드러나기 쉽고, 좌뇌의 지배를 받는 오른쪽 얼굴은 계산되거나 의도된 표정이 나타나기 쉽다. 원래 조금씩 다른 좌우 눈썹을 정확히 똑같이 그리기는 상당히 어렵다. 바쁜 아침이라면 더욱 더 그렇다.

이럴 때는 신경질만 내지 말고, 눈썹머리의 높이만 맞춰 보자. 사람의 시선은 얼굴 중앙에 모이므로 눈썹머리의 높이만 맞아도 생각보다 두 눈썹이 훨씬 균형 있게 보인다.

Step 1. 평소처럼 눈썹을 그린 다음, 자신의 머리색과 비슷한 컬러의 눈썹용 섀도나 아이섀도를 고른다.

Step 2. 브러시에 섀도를 적당량 묻혀서 손등에 발라 농도를 조절한다.

Step 3. 눈썹머리의 높이를 맞춘 다음, 눈썹빗으로 결을 살려 빗어준다.

사선 브러시에
아이섀도를 발라
눈썹머리를
맞춰준다.

5 minutes Beauty Talk

족집게 NO! 눈썹 정리는 눈썹 전용 칼로

눈썹의 평균 숫자는 500개로, 머리카락에 비해 밀도도 적고 나는 속도도 두 배 느리다. 그래서 눈썹을 다듬을 때는 주의가 필요하다. 족집게는 눈꺼풀을 처지게 하므로 반드시 눈썹 전용 칼을 이용해 눈썹을 정리하자. 아이브로 펜슬로 원하는 눈썹 모양을 그린 다음 눈썹 모양을 정리하면 쉽다. 눈썹을 그렸으면 전용 칼을 이용해 눈썹 결을 따라 눈썹 뼈 부분의 잔털을 제거한 뒤, 눈썹 가위로 정리해준다. 너무 가늘거나 눈썹 산을 강조한 갈매기 눈썹은 자칫 나이 들어 보일 수 있다. 본인 눈썹 모양을 최대한 살려야 자연스럽고 어려 보인다.

바닐라코 아이 러브 브로우 케익

Best ★ 펜슬로 그릴 때보다 눈썹이 훨씬 자연스럽습니다. 스크류 브러시, 빗 브러시, 사선 브러시 등 브러시가 종류별로 들어 있어 매우 편리하고요. 가루날림도 없고 지속력도 좋습니다.
So So ★ 브러시가 좀 딱딱해요.

미샤 더 스타일 이지 드로잉 케익 아이브로 소프트 브라운

Best ★ 갈색으로 염색한 머리와 잘 어울리네요. 아치형, 직선형, 각진형 세 가지 눈썹 모양 시트가 들어 있어서 초보자도 쉽게 눈썹을 그릴 수 있습니다.
So So ★ 파우더에 가까워서 그런지 지속력이 좀 약한듯해요.

바비펫 내추럴 & 페이크 아이브로 2호 그레이

Best ★ 눈썹이 군데군데 비어 있는 편인데 이걸로 그리면 자연스러우면서 풍성해 보입니다. 지속력도 아주 좋고요.
So So ★ 내장된 브러시가 뻣뻣해요.

케이트 디자이닝 아이브로 N EX-4

Best ★ 크림 타입이라 가루가 날리지 않아 좋습니다. 브러시도 매우 부드럽고요. 저처럼 눈썹 숱이 적은 사람은 섀도 타입이 펜슬보다는 훨씬 자연스럽게 그릴 수 있는 것 같아요.
So So ★ 염색하지 않은 머리에는 브라운 색상이 좀 밝은 것 같아요.

Makeup & Hair

연한 블루 아이섀도 활용법

아침에 일어나보니 눈꺼풀이 통통 부은 것이 비엔나소시지가 하나 올라가 있는 느낌이다. 가라앉힐 시간도 없고, 눈꺼풀이 이래서야 어떤 눈화장을 해도 전혀 예쁘지 않다. 이런 고민은 옷을 고를 때처럼 색의 특성을 이용한 메이크업 테크닉으로 해결할 수 있다.

눈화장을 하기 전에 펄이 적은 매트한 연한 블루 아이섀도를 눈꺼풀에 살짝 바른다. 그러면 정말 신기하게도 푸른색의 한색(寒色) 효과로 부었던 눈꺼풀이 확 가라앉아 보인다. 그 다음에는 늘 하던 식으로 눈화장을 해주면 된다. 푸른색의 아이섀도라도 펄이 많이 들어간 제품은 오히려 눈을 더 부어보이게 만드니 피하도록 하자.

이 위에 칠하는 메인 컬러는 핑크색이나 오렌지색 등의 팽창색은 피해야 한다. 이것은 홑꺼풀이나 속쌍꺼풀이 있는 사람에게도 추천하는 비법이다. 깔끔한 홑꺼풀을 좀 더 또렷하고 인상적으로 보이게 하려면 매트한 연한 블루 아이섀도를 먼저 칠한 다음에 메인 컬러를 겹쳐 칠해준다.

아이섀도는 지나치게 넓은 부위에 바르면 부자연스럽고 눈이 부어 보일 수 있다. 눈과 눈썹 사이 3분의 1 지점에 바르는 게 적당하다.

메이크업 초보라면 가장 먼저 펄이 없는 갈색 계열의 아이섀도를 장만하자. 갈색 계열은 하얀 피부에서 까무잡잡한 피부까지 어떤 피부색과도 잘 어울리며, 매일매일 사용해도 부담스럽지 않다.

블루 아이섀도는 눈꺼풀이 축소되어 보이는 효과가 있다.

비상용 상비 아이템으로 블루 아이섀도를 꼭 챙겨두자.

미샤 M 듀얼 퀵 드로잉 섀도 05호 블루바이올렛

Best ★ 펜슬 타입이라 일단 아이섀도처럼 브러시를 사용할 필요가 없고 바쁜 아침에 샥 그리고 손으로 문질러주면 끝이라 편하고 좋습니다. 색상도 튀지 않아서 베이스로 깔아주면 딱 맞습니다.

So So ★ 오후가 되면 쌍꺼풀 라인에 뭉쳐있네요.

에뛰드하우스 쁘띠 달링 아이즈 블루봉봉

Best ★ 색상이 연해서 베이스로 사용하거나 눈 밑을 밝게 할 때 사용하면 좋습니다.

So So ★ 조금만 힘을 주면 뚜껑이 금방 분리 돼 버려요.

슈에무라 프레스드 이이섀도 M-600

Best ★ 발색이 참 잘되는 제품입니다. 입자가 고와서 가루날림도 없고 지속력도 우수합니다. 부드럽게 발리는 느낌이 벨벳 같아요. 연한 하늘색이라 여름에 시원하게 블루 톤으로 화장할 때 베이스로 사용하면 좋습니다.

So So ★ 여름 한 철 사용하는 색상임을 감안해서는 양이 좀 많네요.

클리오 아트섀도 포르테블루

Best ★ 한 가지 색상으로 눈화장을 끝낼 수 없으니 한 번에 두세 가지 색상을 사게 되는데, 비슷한 톤의 세 가지 색싱이 들어 있어서 편리합니다. 세 가지 색을 잘 사용하면 스모키메이크업도 할 수 있고요. 펄이 별로 없어서 부해 보이지 않고 좋네요. 여름화장용으로 좋습니다.

So So ★ 진한 색 보다는 밝은 색을 더 많이 사용하는데 양이 똑같네요.

Makeup & Hair

굿바이 성형외과!

또렷한 쌍꺼풀이 생기는 '성형 수준'의 눈화장

"모델이나 여배우들처럼 크고 또렷한 예쁜 쌍꺼풀을 갖고 싶어."
이렇게 남몰래 마음속으로 바란 적은 없었는가? 이런 바람이 너무 간절
해지면 의술의 힘을 빌리기도 하지만, 아무리 간단한 수술에도 위험은
따르는 법.
메이크업 전문가들이 현장에서 사용하는 기술을 활용한다면, 의술의 힘
을 빌리지 않고도 그 꿈을 이룰 수 있다.

Step 1. 평소처럼 화장을 한 다음, 뷰러로 속눈썹을 확실하게 올려준다.
열을 이용해 속눈썹에 컬을 만드는 핫 뷰러를 쓰면 더 효과적이다.

Step 2. 뾰족하게 깎은 갈색 계열의 아이브로 펜슬로 눈머리에서 눈꼬리
쪽으로 윗눈꺼풀 위에 선을 그린다. 이 선이 쌍꺼풀이라 생각하고 눈꺼
풀 위에 너무 많이 떠있지 않게 그린다. 그리고 눈꼬리쪽의 선을 약간 길
게 늘려주면 눈이 훨씬 크게 보인다.

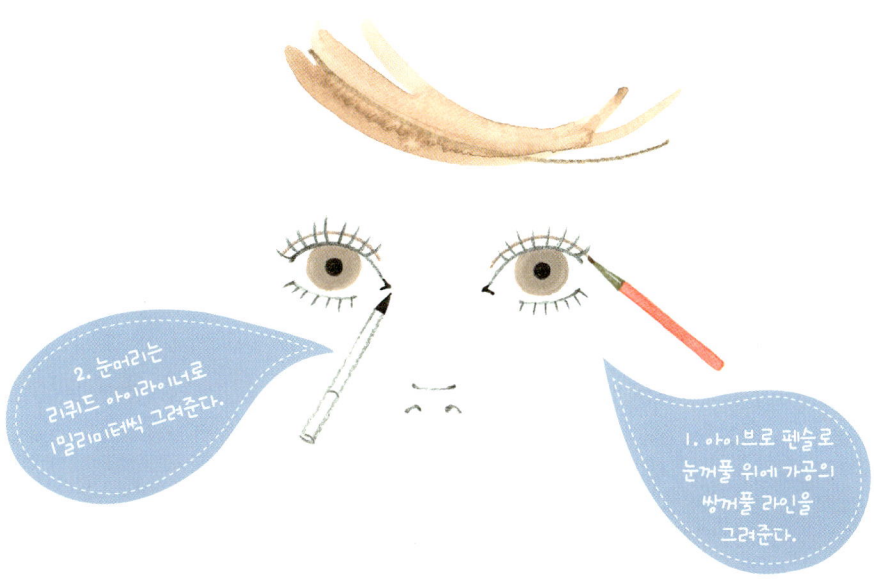

2. 눈머리는
리퀴드 아이라이너로
1밀리미터씩 그려준다.

1. 아이브로 펜슬로
눈꺼풀 위에 가공의
쌍꺼풀 라인을
그려준다.

Step 3. 다시 검정색 리퀴드 아이라이너로 눈머리 앞쪽에 위아래로 1밀리미터만 선을 그린다. 일명 '앞트임 기법'으로, 눈머리에 선을 그리면 눈이 크고 깊어 보이는 효과가 있다.

이 3단계면 쌍꺼풀 수술에서 절개법과 유사한 효과를 볼 수 있다. 이 '성형 수준'의 눈화장 기법은 촬영현장에서 여배우들에게도 무척 인기 있다. 부자연스럽게 보이지 않으려면 먼저 아이라인, 아이섀도, 마스카라로 눈화장을 꼼꼼하게 한 후에 해야 한다.

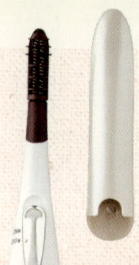

메이블린 하이퍼 샤프 라이너

Best ★ 눈 위에 아이라인을 그릴 때마다 매끄럽지 못하게 그리는 초보자들도 쉽게 이용할 수 있는 붓펜 타입입니다. 섬세하고 정교하게 때로는 두껍게 두께를 자유자재로 조절할 수 있습니다. 최고 장점은 선명하고 또렷한 눈매를 연출할 수 있으면서도 번지지 않는 점입니다. 그리고 극세모라 속눈썹 사이사이 채우는 게 정말 쉽습니다.

So So ★ 농도를 조절할 수 없어 한 듯 안한 듯 자연스러운 화장에는 부적합하네요.

파나소닉 EH-SE30P-N 핫뷰러

Best ★ 속눈썹에 닿는 빗이 한 겹 더 있어 데일 염려가 없습니다. 표시등이 사용가능 상태를 알려주어 편리하고요. 마스카라 바른 다음에 사용하면 뭉쳐있던 속눈썹이 깔끔하게 정리됩니다.

So So ★ 예쁜 컬을 만들려면 한 번으로는 안 되고 여러 번 쓸어 올려야 하고, 예열되는데 시간이 꽤 걸립니다.

오휘 아이브로 오토 펜슬

Best ★ 부드럽게 그려지고 잘 지워지지 않습니다. 색상도 아주 자연스럽고요.

So So ★ 리필 심만 따로 판매하지는 않네요.

미샤 시그너처 진동 마스카라

Best ★ 속눈썹이 직모고 아래로 쳐져있는데요, 이 제품을 사용하면 눈썹이 잘 올라가네요. 뷰러를 쓰지 않아도 되니 시간이 절약되고 좋습니다. 한 올씩 잘 발리고, 번짐 현상도 없습니다.

So So ★ 세안할 때 물에도 마스카라가 잘 지워집니다. 그리고 솔이 360도로 회전하지는 않습니다.

케이트 슈퍼 샤프라이너

Best ★ 처음에는 '색깔이 너무 연하지 않나?'라고 생각했는데, 그래서 여러 번 덧칠해도 자연스럽게 보입니다. 손이 떨려서 라인이 울퉁불퉁해지더라도 티 안 나게 수정할 수 있고요. 또 저처럼 속눈썹 숱이 적어서 속눈썹 사이를 열심히 메워야 하는 데는 이 제품만한 게 없을 거란 생각이 들어요. 잘 번지지 않는데, 세안할 때는 클렌징 폼에도 깨끗하게 지워집니다.

So So ★ 진한 아이라인을 원하는 사람들에게는 이 제품은 흐리다는 느낌이 들 수 있습니다

32

Makeup & Hair

동양인의 두툼한 눈두덩이 콤플렉스 해결!

눈매를 깊어 보이게 하는 '눈썹머리 다운' 테크닉

보고 있으면 빨려들어 갈 것 같은 눈매, 비밀을 숨기고 있는 듯 신비스러운 눈매. 이런 고혹적인 눈매를 화장으로 연출할 수 있을까? 아름다운 할리우드 여배우들의 얼굴을 자세히 관찰하면 깊이 있는 눈매의 비밀이 보인다. 그녀들은 하나같이 눈과 눈썹 사이의 간격이 좁으면서 깊게 굴곡져 있다. 하지만 동양인은 눈두덩이가 도톰하고 눈과 눈썹의 간격이 넓은 경우가 많다. 이점은 얼굴을 평평하고 밋밋하게 보이게 만드는 원인이기도 하다.

'타고난 걸 바꾸기는 쉽지 않지. 전형적인 동양인 눈매의 단점을 화장으로 커버하려면, 분명히 고난이도의 테크닉이 필요할 거야.' 반드시 그렇지는 않다. 눈썹머리에 손을 약간 대기만 하면 당신의 눈매도 인상적으로 바뀔 수 있다.

Step 1. 먼저 평소와 같이 눈썹을 그린 다음, 눈썹머리부터 눈동자 위 정도까지 눈썹을 보충해서 그린다. 이때 자신의 원래 눈썹머리보다 2~3밀리미터 내려서 그리는 것이 포인트다!
눈썹머리를 보충해 그림으로써 눈과 눈썹 사이의 간격을 좁히는 것이다.

눈썹머리는 눈썹이 비교적 촘촘하게 나 있는 편이므로 보충해서 그리기 어렵지 않다.

Step 2. 한 번에 그리려고 욕심 부리지 말고, 옅게 여러 번 그려서 뒤쪽의 눈썹과 잘 어우러지도록 한다. 자연스럽게 마무리하기 위해서는 심이 타원형인 아이브로 오토 펜슬을 사용하는 것이 좋다.

간단한 테크닉이지만 보는 이들로 하여금 착시현상을 일으켜 눈과 눈썹의 거리가 가깝고, 눈썹에서 눈으로 이어지는 굴곡이 약간 깊어진 것처럼 보이게 된다. 앞서 소개한 '살짝 코 섀도(110쪽)' 기법을 더하면 더욱 효과적으로 인상적인 눈매를 완성할 수 있다.

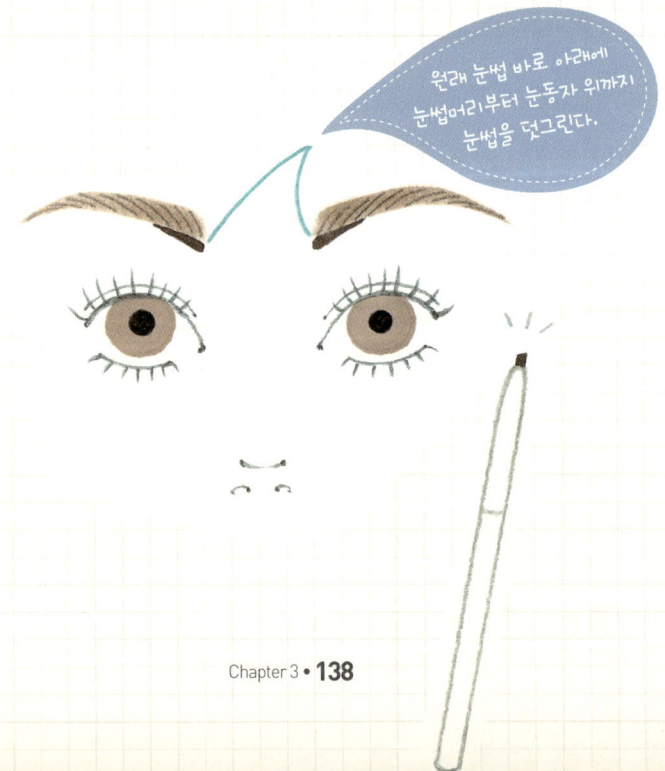

원래 눈썹 바로 아래에 눈썹머리부터 눈동자 위까지 눈썹을 덧그린다.

에스티로더 오토매틱 브로 펜슬 위드 브러시

Best ★ 한쪽에는 아이브로펜슬이, 다른 한쪽에는 브
러시가 있어 편리합니다. 펜슬로 그리고 브러시로 문질러
주면 아이섀도로 그린 것처럼 자연스럽습니다. 또 뭉침 없이 부
드럽게 그려지고, 오래 유지돼서 눈썹 끝이 중간에 사라지거나 흐려지
는 일이 없습니다.
So So ★ 분명 좋은 제품이지만 워낙 비싸서 구입할 때 항상 망설이게 됩니다.

라네즈 내추럴 아이브로 라이너 오토펜슬

Best ★ 색이 너무 진하지 않으면서 자연스럽
게 그려져요. 번짐도 없고요.
So So ★ 길게 뽑아 썼더니 똑 부러졌네요.

미샤 더 스타일 오토 아이브로 회갈색

Best ★ 발림성이 좋고 잘 지워지지 않습니다.
So So ★ 내장된 펜이 좀 뻣뻣하네요.

에뛰드하우스 드로잉 아이브로 AD

Best ★ 펜슬이 납작하게 생겨서 눈썹
이 잘 그려져요.
So So ★ 색상이 여해서 두세 번 그려
줘야 진하게 나오네요.

네이처리퍼블릭 프리티 트리 오토 아이브로

Best ★ 가격이 아주 저렴하고 색상, 발색력,
지속력 모두 무난합니다.
So So ★ 큰 특징이 없네요.

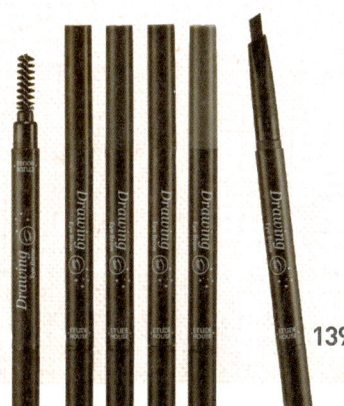

33

Makeup & Hair

여름을 위한 마이너스 메이크업

피지나 땀에도 지워지지 않는 강력한 눈화장

덥고 습한 여름에는 공들여 한 화장이 금세 땀으로 번지고 얼룩지는 경우가 다반사다. 그래서 잡지나 화보 등 여름에 야외에서 촬영할 때는 무엇보다도 화장의 지속력에 가장 신경을 쓴다. 여름에는 최소한의 제품만 사용해서 완벽한 효과를 내는 '마이너스 메이크업'이 필요하다. 눈화장도 마찬가지!

아이라이너 하나만 사용해서 아이섀도 효과까지 내면서, 게다가 잘 지워지지 않는 눈화장을 할 수도 있다.

Step 1. 먼저 심이 부드러운 브라운 펜슬 아이라이너로 눈 가장자리에 또렷하게, 그리고 약간 두껍게 아이라인을 그린다.

Step 2. 면봉으로 아이라인을 문질러 아이홀(눈썹과 눈 사이에 푹 꺼진 부분) 쪽으로 음영을 만든다.

이때 면봉을 왼쪽-오른쪽, 오른쪽-왼쪽으로 자동차 와이퍼처럼 천천히 움직이면서 위쪽으로 음영을 만드는 것이 요령이다. 이렇게 아이라인에 음영을 주면 아이섀도보다도 쉽게 그림자를 만들 수 있고 눈이 커 보이

펜슬 아이라이너로
아이라인을 두껍게 그린다.
면봉을 와이퍼처럼
좌우로 움직이면서
음영을 만든다.

는 효과까지 노릴 수 있다.

또 아이라이너를 아이섀도 대용으로 사용하면 눈꺼풀과의 밀착력이 높아져서 잘 지워지지 않는다.

Step 3. 마지막으로, 워터프루프 리퀴드 아이라이너로 속눈썹과 속눈썹의 빈 틈을 메우듯이 다시 한 번 아이라인을 그린다. 이렇게 하면 눈매가 훨씬 강렬해지고, 스모키메이크업의 효과도 낼 수 있다.

펜슬 아이라이너는 브라운 컬러뿐만 아니라 블루나 핑크, 펄이 들어 있는 것 등 색깔이 다양하다. 파운데이션이나 의상, 기분에 맞춰서 아이라이너의 컬러를 바꿔가며 다양한 시도를 해볼 수 있다.

메이블린 아이스튜디오 2in1 임팩트 섀도 라이너

Best ★ 가격도 저렴하고 정말 부드럽게 발려요. 워터프루프 기능도 뛰어나고요, 색상도 예뻐서 아이섀도로도 딱 맞습니다.
So So ★ 펜슬 아이라이너의 특성상 어느 정도 번짐이 있습니다.

메이크업포에버 아쿠아 아이즈 펜슬

Best ★ 부드럽게 잘 그려질 뿐만 아니라 조금 두껍게 그려져도 전혀 어색하지 않아요. 일단 펜슬 타입이라 초보자도 쉽게 그릴 수 있고, 발림성도 매우 부드러워서 특별한 기술이 필요 없을 정도였습니다. 워터푸르프 제품답게 땀이나 물에 강하고, 유분에도 강해서 언더라인에 사용하기에도 좋습니다.
So So ★ 재질이 무른 편이라 몇 번 사용하면 앞이 쉽게 뭉툭해져 자주 깎아줘야 합니다.

에뛰드하우스 블링블링 아이스틱

Best ★ 색도 튀지 않고 예쁘고, 화장 못하는 사람도 바르기 쉽네요. 연필처럼 깎는 게 아니라 돌려쓰는 제품이라 편리하고요. 두께감이 있어서 끊어지거나 부서지는 일은 없을 것 같습니다.
So So ★ 색이 오래가는 대신 부드럽게 발리지는 않습니다.

클리오 아이러브유 섀도 펜슬 글로우 베이지

Best ★ 부드럽게 발리고 블링블링 반짝이는 게 아주 예쁩니다. 초보자도 눈 밑에 바르면 눈물효과를 쉽게 낼 수 있고요. 발색도 잘 되고 팁으로 바르는 제품보다는 덜 번집니다.
So So ★ 번짐이 전혀 없는 게 아니기 때문에 중간에 한 번쯤은 수정화장을 해줘야할 것 같아요.

34

Makeup & Hair

부은 눈매를 샤프하게 만드는
눈머리 아이라이너

'아침에 일어났더니 눈이 퉁퉁 부었어!' 이런 아침에는 눈꺼풀을 따뜻하게 했다 식히는 '온냉마사지(25쪽)'로 부기를 빼면 된다. 그래도 평소와 다르다고 생각된다면 아이라이너로 눈매를 샤프하게 만들면 된다.

모든 화장이 끝난 뒤에 펜슬 아이라이너로 눈머리부터 눈동자가 시작되는 근처까지, 아이라인을 다시 한 번 겹쳐서 그린다.
이때 요령은 거울을 똑바로 보고 눈을 절반쯤 뜬 채로 그리는 것. 눈을 감아버리면 굵기를 확인할 수 없어서 라인이 부자연스러워진다.
눈머리가 강조되면 눈이 둥글고 커 보이며, 또렷해 보인다.

눈이 부어 있을 때에는 피부가 민감해져 있으므로, 눈에 부담을 주지 않는 심이 부드러운 타입의 펜슬 아이라이너를 쓰는 것이 좋다. 펜슬 아이라이너는 지속력은 약하지만 혹시 잘못 그리더라도 면봉으로 간단히 수정할 수 있어 초보자가 사용하기에 좋다.

눈을 절반쯤
뜬 상태에서 아이라인의
굵기를 확인하며
그린다.

눈머리에서
눈동자가 시작되는 지점까지
아이라인을 다시 한 번
그린다.

에스티 로더 더블웨어 스테이인플레이스 아이 펜슬

Best ★ 펜슬 뒷부분에 스펀지 팁이 있어서 스모키메이크 업을 하거나 아이라인을 펴 바를 때 편리합니다. 색상이 아주 진하고 벨벳처럼 부드럽게 발리네요.

So So ★ 번짐이 있는 편입니다.

우드버리 HD 아쿠아 젤 오토 펜슬 라이너

Best ★ 부드럽게 그려져 눈가에 자극이 덜하 고, 색상도 아주 선명합니다. 100% 안 번지 는 건 아니지만 번짐이 거의 없다고 봐도 될 정도에요.

So So ★ 면봉과 아이리무버를 사용해서 정성 스럽게 지워야 합니다. 오프라인 몇몇 매장과 온라인에서만 구입 가능해요.

미샤 더 스타일 매직 아이 체인지

Best ★ 아이섀도에 한 방울 떨어뜨려 아이 라인 브러시로 개면 아이라이너처럼 사용할 수 있습니다. 팁이나 면봉으로 넓게 크림섀 도처럼 발라줘도 되고요. 번짐도 아주 적습 니다. 몇 개씩 가지고 있는 잘 안 쓰는 아이 섀도로 기존 아이라이너에 없는 다양한 색 상을 만들 수 있어 좋네요.

So So ★ 빨리 굳어서 바로 사용해야 합니다.

라네즈 립 앤 아이리무버

Best ★ 눈가가 좀 예민한 편이라 눈화장을 하고 나서 지울 때면 항상 눈이 좀 아팠어요. 워터프루프 제품을 많이 사용 하다보니 순한 아이리무버를 쓰면 잔여물이 남아 있는 경 우가 있었고요. 이 제품은 눈도 편하면서 워터프루프 마스 카라도 깨끗하게 잘 지워지고 향도 부담스럽지 않습니다.

So So ★ 오일과 물이 분리되어 있어 매번 흔들어야 해요.

바비브라운 크리미 아이펜슬

Best ★ 부드럽게 발리고 자연스럽습니다. 고양이 눈처 럼 아이라인 꼬리를 길게 빼는 캣츠아이 메이크업과 스모키메이크업을 할 때도 편리합니다. 펜슬로 먼저 그리고 아이섀도로 살살 덧입혀주면 번지거나 너구리 가 되지 않고 오래오래 지속됩니다. 심지어 눈물 흘릴 때도 잘 번지지 않아요.

So So ★ 너무 부드럽다 보니 밀리거나 뭉치는 감이 있 어요.

Makeup & Hair

머리와 눈썹 색깔이 따로 노는 촌스러움 한 방에 해결!

눈썹 마스카라로 눈썹 색깔 바꾸기

'화장을 정성껏 할 시간이 없어도 세련된 분위기는 내고 싶어!' 그 열쇠를 쥐고 있는 것이 눈썹 색깔이다. 머리카락 색깔은 밝은 갈색인데 눈썹 색깔은 진한 갈색이거나 검은색 그대로인 사람이 뜻밖에 많다. 아무리 대세가 다듬지 않은 듯 자연스러운 눈썹이라고 해도, 머리카락과 눈썹 색깔이 따로 놀면 촌스러워 보인다. 첫인상을 결정하는데 이목구비 못지 않게 눈썹이 차지하는 비중이 매우 크다. 눈썹이 헤어, 메이크업과 어울리지 않고 두드러지면 얼굴 전체의 밸런스가 무너져버린다.

눈썹, 이제는 다양한 색상의 눈썹 마스카라로 쉽게 컬러를 바꿔보자.

Step 1. 먼저 눈썹 마스카라 브러시를 세로로 잡고 여분의 액을 휴지로 닦아내 양을 조절한다. 그대로 칠하면 짱구처럼 눈썹이 너무 짙어질 수 있고, 맨얼굴에 묻을 수도 있다. 바르기 전, 양 조절은 필수다!

Step 2. 마스카라를 눈썹꼬리에서 눈썹머리로, 눈썹머리에서 눈썹꼬리로 방향을 바꿔가며 칠한다. 이렇게 하면 눈썹의 양면에 확실하게 마스카라 액이 묻어서 뭉침 없이 깔끔하게 마무리된다.

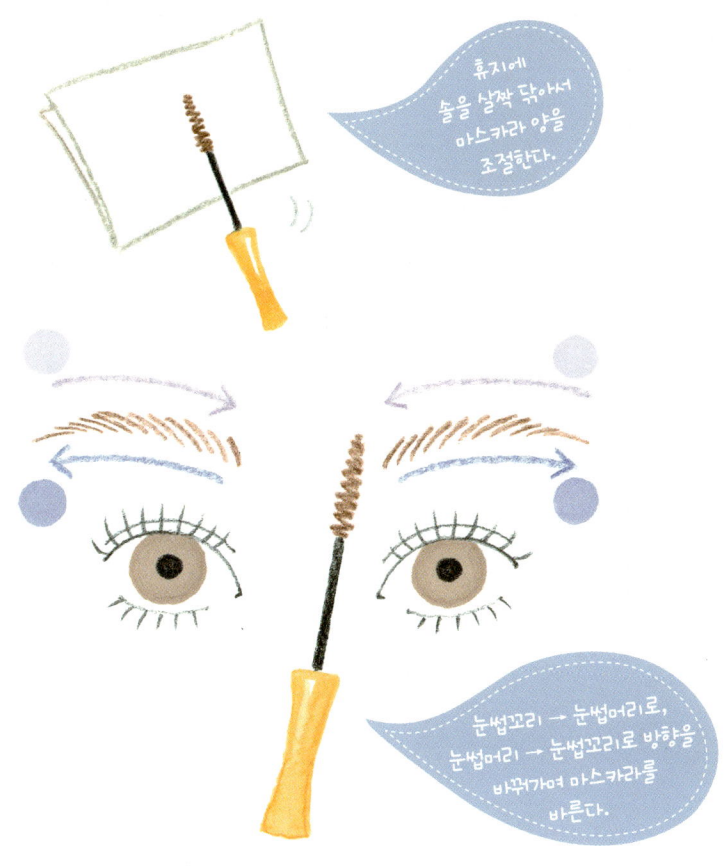

휴지에
놓을 살짝 닦아서
마스카라 양을
조절한다.

눈썹꼬리 → 눈썹머리로,
눈썹머리 → 눈썹꼬리로 방향을
바꿔가며 마스카라를
바른다.

오래전 중년 여성들 사이에 눈썹 문신이 유행했었다. 하지만 패션에도 유행이 있듯 화장법에도 유행이 있다. 유행에 맞춰 립스틱 색깔이 바뀌는 것처럼 눈썹도 유행을 타기 때문에 눈썹 문신은 그다지 좋은 방법이 아니다. 또한 눈썹 문신은 시각적으로도 눈썹이 상당히 도드라져 보여 얼굴의 인상을 어색하게 만들 수도 있다.

부르조아 아이브로 마스카라

Best ★ 다양한 머리색에 맞춰 눈썹 색을 자연스럽게 바꿀 수 있고, 땀을 흘려도 하루 종일 얼룩 없이 지속됩니다.

So So ★ 국내에서는 구하기 어려워요. 면세점에는 있지만……

케이트 아이브로 컬러

Best ★ 위화감 없이 자연스럽게 눈썹색이 보정되네요. 브러시로 쓱쓱 빗어주면 되니 펜슬이나 셰도를 이용할 때보다 시간도 절약됩니다.

So So ★ 워터프루프 제품이 아니라 오후가 되면 색이 좀 흐려지네요.

에뛰드하우스 청순거짓 브라우카라

Best ★ 일본 제품에 비해 펄이 적어 자연스러운 느낌입니다. 머리를 염색했더니 눈썹색이 따로 놀면서 인상이 강해 보였는데 이걸 바르니 한결 순해 보입니다.

So So ★ 발색은 잘 되나, 양 조절이 어렵고 지속력이 약해요.

바비브라운 내추럴 브로 쉐이퍼

Best ★ 꾸준히 머리색을 갈색으로 유지하는 편인데, 눈썹이 너무 진해서 항상 사용하는 제품입니다. 눈썹을 빗어주듯이 바르면 눈썹도 풍성해 보이고, 가지런해져서 한결 단정한 느낌이 듭니다.

So So ★ 백화점에도 품절될 때가 많아, 한 번 살 때 두어 개씩 쟁여놓게 되네요.

손예진의 눈웃음이 부럽지 않다

면봉 하나로 완성하는 귀여운 처진 눈

눈매는 인상을 좌우하는 중요한 요소다. 눈꼬리가 위로 올라가면 날카롭고 진취적여 보이고, 아래로 내려가면 순하고 여성스러워 보인다.

아이라인의 두께, 모양에 따라 타고난 눈매에 변화를 줄 수 있다. 평소처럼 아이라인을 그리고, 여기에 한 가지 테크닉을 덧붙여 주기만 해도 눈이 훨씬 크게 보이고 요즘 유행하는 '귀여운 처진 눈'을 만들 수 있다.

Step 1. 펜슬 타입의 아이라이너로 아이라인을 그린다.

Step 2. 눈을 뜬 상태에서 라인의 눈꼬리 끝부분이 바깥쪽을 향해서 약간 아래쪽으로 비스듬하게 음영이 생기도록 면봉으로 문질러준다. 눈꼬리 끝에서 2밀리미터 정도만 음영을 줘도 눈이 더 크고 처져 보인다.

반대로 원래 눈이 처진 사람이 샤프하게 보이고 싶을 때에는, 눈꼬리 끝부분에 위쪽으로 비스듬하게 음영을 만들면 날렵한 눈매가 완성된다. 눈의 크기나 눈꼬리 모양은 면봉 하나만 있으면 내 맘대로 조절할 수 있다.

처진 눈 스타일

눈꼬리 끝에서
2밀리미터 부근부터
연봉으로 음영을
만든다.

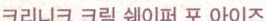

크리니크 크림 쉐이퍼 포 아이즈

Best ★ 무른 타입이라 민감한 눈가에도 자극 없이 매끄럽게 잘 그려집니다. 가장 인기가 많은 '이집션'은 금빛 펄이 섞여 있는 카키 브라운 색상입니다. 그래서 블랙 아이라이너 보다 부담스럽지 않고, 브라운 보다 독특하고 화려합니다. 눈가를 그윽하게 만들어줄 뿐만 아니라 펄이 들어 있어 신비로운 느낌도 듭니다. 아이섀도를 바르지 않고 이 제품으로 아이라인을 그리고 살짝 문질러서 표현해도 예쁜 거 같아요. 저는 눈가에 유분이 많은 편이어서 펜슬 타입 아이라이너를 사용하면 오후에 눈꺼풀이 지저분해 보일만큼 번짐이 심한 편인데, 이 제품은 신기하게도 번짐 현상이 거의 없네요.

So So ★ '이집션' 색상이 자주 품절됩니다.

key item

슈에무라 드로잉 펜슬

Best ★ 스윽 부드럽게 잘 그려지고 색상 표현이 잘 되요. 그리고 제일 좋은 것은 잘 안 번진다는 점입니다. 언더라인을 그려도 잘 안 번집니다. 또 잘 펴지기 때문에 쌍꺼풀이 없는 사람은 아이섀도처럼 쓸 수도 있습니다.

So So ★ 심이 부드러워서 깎을 때 잘 려나가는 게 많아요.

37
Makeup & Hair

오후에도 깔끔한 마스카라 테크닉

아침에 정성스럽게 칠했던 마스카라가 오후가 되니 눈 밑에 떨어져서 시
커먼 판다곰 눈이 돼버렸다.
'으악! 이런 얼굴로 당당히 수다를 떨고 있었다니, 너무 창피해!'
물이나 땀에 잘 지워지지 않는 워터프루프나 판다곰 눈 방지 마스카라를
사용하고 있는데도, 왜 오후만 되면 판다곰 눈이 될까?
해결책은 마스카라를 칠하기 전에 있다!

스킨 다음에 로션, 메이크업베이스, 자외선차단제, 리퀴드 파운데이션 등
유분을 함유한 제품을 속눈썹이나 속눈썹 주위에 바르고 있지 않은가?
이런 것들이 눈 주위에 남아 있으면 유분에 녹는 성질이 있는 마스카라
가 시간이 지나면 서서히 녹아내리게 된다.
유분이 들어 있는 제품을 바를 때는 되도록 속눈썹 주위에 묻지 않도록
하자. 또 얼굴 전체에 리퀴드 파운데이션을 바른 다음에는 눈두덩이에도
파우더를 발라서 남아 있는 유분을 확실하게 잡아낸다. 마스카라는 그
다음에 칠해야 깔끔함이 오래간다.

눈 밑이
거뭇거뭇한 판다곰 눈상
기초화장 단계에서
유분을 함유한 제품은
눈 주위에는 바르지
않는다.

리퀴드 파운데이션
다음에는 눈두덩이 위에도
파우더를 바른다.

 5 minutes Beauty Talk

굳은 마스카라에 스킨을 넣는 건 위험!

마스카라는 브러시를 용기 안에 넣었다 빼기를 반복하면 공기가 들어가
내용물이 쉽게 굳는다. 말라붙거나 뭉쳐버린 마스카라는 뚜껑을 꽉 잠근
다음 40도 정도의 따뜻한 물에 5분 정도 담가둔다. 이때 용기의 3분의 1
정도만 물속에 잠길 정도로 담근다. 이렇게 하면 굳어버린 마스카라 액
이 다시 부드러워진다. 스킨이나 에센스를 넣으면 마스카라 액이 변질되
거나 효과가 떨어진다.

메이크업포에버 슈퍼 매트 루즈 파우더

Best ★ 수정화장할 때 파우더를 덧바르면 뭉치는 경우가 많은데, 이 제품은 기름종이로 유분을 닦아낸 다음 바르면 뭉치지 않고 뽀송뽀송해집니다.

So So ★ 커버력은 거의 없고, 퍼프가 내장되어 있지 않습니다.

로라메르시에 샤인 컨트롤 파우더

Best ★ 뽀송뽀송하지만, 건조해지지 않아요. 번들거린다고 자꾸 파우더를 덧바르다보면 뭉치는데 번들거리는 부위에 이 제품을 가볍게 톡톡 두드려주면 화장이 지워지지 않으면서 기름기만 쏙 잡아주는 거 같아요. 그리고 피부가 환해 보이는 효과도 있습니다.

So So ★ 혹시 커버력을 원한다면, 다른 제품을 고려해봐야 할 듯 합니다. 피부톤 보정해주고, 기름기 잡아주는데 충실한 제품입니다.

로트리 로사 다브레카 파우더팩트

Best ★ 미세한 펄이 들어 있어서 은은하게 반짝거리는 게 피부가 한결 밝아 보입니다. 얇게 발리는데도 웬만한 모공이나 블랙헤드는 가려줄 정도의 커버력이 있습니다. 외출 중간에 번들거리는 이마나 볼에 톡톡 두드려 주면 뭉치지 않고 뽀송뽀송해집니다. 은은한 장미향도 좋고요.

So So ★ 용량이 적습니다.

랑콤 버츄어스 프레셔스 셀 마스카라

Best ★ 뷰러 없이도 눈썹이 잘 올라가고 부드럽게 잘 발립니다. 뭉치는 현상도 적습니다. 마스카라 가루가 떨어지거나 눈 밑이 검어지는 현상 역시 거의 없습니다.

So So ★ 마스카라가 마르는데 시간이 좀 걸립니다.

Makeup & Hair

한 여름에도 땀 흘리며 화장하지 말자!

순간적으로 시원하게 만들어주는 냉각 젤 시트

몹시 무더운 한여름 아침, 앉아서 화장만 하고 있어도 얼굴이 달아오르고, 바로 땀이 차오른다. 이럴 때는 '냉각 젤 시트'를 사용해서 얼굴을 차갑게 식혀주자.

방법은 냉각 젤 시트를 목 뒤쪽에 붙이고 화장을 하는 것뿐이다. 냉각 젤 시트는 아파서 열이 날 때 물수건이나 얼음주머니 대신 이마에 붙이면 체온을 내려준다. 한 번 붙이면 찬 기운이 8시간 동안 지속되고, 시트를 냉장고에 넣어 차갑게 만들어 사용하면 효과가 더 좋다.

정말로 간단하지만 해보면 고개가 절로 끄덕여지는 효과적인 방법이다. 이건 사실, 여름날 야외 촬영을 할 때 어느 여배우가 가르쳐준 비법이다. 아무리 더워도 땀이 없는 깨끗한 얼굴로 카메라 앞에 서야 하는 여배우의 고충이 담긴 방법이라고 할까.
확실히 목을 차갑게 하면 체감온도가 쑥 내려가서 서늘하게 느껴진다. 아침에 옷을 갈아입거나 식사할 때 뒷목에 붙이고 있으면, 약간 더운 날씨에는 에어컨을 틀지 않아도 되니 피부 건강에도 좋은 방법이다.

목을 차갑게 하면 체감온도가 내려간다.

고바야시제약회사 냉각 젤 시트

Best ★ 약국에서 약을 지으면서 발견한 제품입니다. 아이 해열을 위해 구입했지만, 더운 날 밖에서 활동할 때도 유용하게 사용하고 있습니다. 여러 번 붙였다 떼어도 잘 붙네요.

So So ★ 파스 냄새가 옅게 납니다. 역하거나 코를 자극하는 정도는 아니고요.

피부가 급격히 늙는 여름, 빼앗기는 수분을 잡자!

일반적으로 춥고 건조한 겨울에 피부 노화가 많이 일어난다고 생각하지만, 실제로 피부가 급속히 늙는 계절은 여름이다. 여름에는 뜨거운 햇살과 자외선, 에어컨 바람, 잦은 샤워로 피부가 건조해지고 민감해지기 쉽다.

1. 물을 자주 마셔서 피부 속부터 수분 공급

여름에는 다른 계절보다 세안과 샤워를 자주하게 되는데, 자주 씻게 되면 피부가 쉽게 건조해진다. 또 피부가 자외선에 노출되면 수분이 바로 빠져나간다. 수분이 빠져나가는 것을 대비해 수시로 물을 마셔 체내에 수분을 보충해야 한다. 여름에는 하루에 1.5리터 이상의 물을 마셔야 손실된 수분을 피부 속까지 채울 수 있다.

2. 자외선차단제 꼭꼭 챙겨 바르기

자외선은 피부 깊숙이 침투해 진피까지 손상시킨다. 손상된 피부가 자외선에 계속 노출되면 수분이 빠져나가고 주름이 생긴다. 또 자외선은 멜라닌 색소를 자극해 기미와 주근깨 등이 쉽게 생기도록 한다. 조명 빛에도 자외선이 있기 때문에 실내에 있더라도 자외선차단제를 꼭 발라야 한다. 또 자외선차단제는 지속되는 시간이 2~3시간 밖에 안 되므로, 화장한 후에라도 수시로 덧바르도록 한다.

3. 에어컨 바람 직접 쐬지 않기

에어컨은 공기를 차갑게 하고 습도를 낮춰준다. 그래서 에어컨이 켜진 실내는 시원한 만큼 건조하다. 바깥과 온도 차이가 많이 나는 실내에 오래 있으면 혈액순환이 안 되고 대사도 나빠져 피부가 칙칙해지기 쉽다. 에어컨을 틀어놓더라도 바람이 피부에 직접 닿지 않도록 해야 한다. 찬 바람이 피부에 직접 닿으면 체감온도가 무려 3도 가량 떨어진다.

또 사용 후 건조함을 느끼게 하는 알코올 대신 물이나 보습 성분이 함유된 미스트를 수시로 뿌려주는 것도 수분을 보충하는 좋은 방법이다.

에어컨의 찬바람에 피부가 장시간 노출되었다면 따뜻한 물에서 반신욕 또는 목욕을 하면서 피부 마사지를 해주는 것이 좋다. 목욕과 마사지는 혈액순환을 도와 신진대사를 촉진하고 피부에 수분을 공급한다.

네이처리퍼블릭 수딩 앤 모이스처 알로에베라 92% 수딩젤

Best ★ 바르면 시원하고 끈적임 없이 쏙 스며듭니다. 한 여름에 외출하고 돌아와서 온몸에 다 발라주면 피부가 진정되는 효과도 있고요. 벌레 물린데 바르면 덜 가렵습니다. 냉장고에 보관했다가 눈이 부었을 때 화장솜에 듬뿍 묻혀 팩을 하면 붓기도 잘 가라앉네요. 양도 많고 순해서 저희 집은 온 가족이 함께 잘 사용하고 있습니다.

So So ★ 여름철에는 보디로션으로도 손색없지만, 유분이 전혀 없기 때문에 건조한 겨울과 봄에는 이 제품 하나로 버티기 힘들어요.

방금 화장한 듯 화사한
수정화장 테크닉

얼룩덜룩 번들거리는 피부를 보송보송하게!

❶ 휴지를 삼각형으로 접어서 얼굴을 살짝 눌러 T존, U존 등에 있는 유분을 닦아낸다. 기름종이는 유분을 너무 많이 닦아내 버리기 때문에 휴지가 좋다. ❷ 스펀지에 파운데이션을 소량 묻혀서 얼룩진 부분에 얇게 발라서 얼룩의 경계를 없앤다. 피부가 건조한 사람은 에센스나 로션을 약간 바른 다음 파운데이션을 발라주면 촉촉함을 유지할 수 있다.

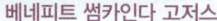

이니스프리 멜팅 파운데이션

Best ★ 들뜨지 않고 피부에 착 달라붙네요. 유분이 아닌 수분감으로 피부가 촉촉하게 빛나요. 그리고 퍼프가 아주 좋습니다.
So So ★ 커버력이 좀 약한 듯해요. 하지만 색상이 피부톤에 잘 맞아서 자연스러워 보입니다. 건성피부는 기초화장을 잘 하지 않으면 각질이 부각될 수도 있습니다.

베네피트 썸카인다 고저스

Best ★ 크림 타입이지만 바르는 순간 파우더처럼 보송보송해집니다. 무거운 느낌 없이 산뜻하고 매끄럽게 마무리 됩니다. 시간이 지나서 두세 번 덧발라도 뭉치거나 뜨지 않네요.
So So ★ 퍼프로 찍어 바르니 헤픈 것 같아요. 자연스러운 반면 커버력은 좀 떨어집니다.

SK-II 시그니처 크림 인 파운데이션

Best ★ 촉촉하고 얇게 발리는데도 비교적 커버가 잘 됩니다. 광고처럼 정말 자기 피부처럼 좋아 보여요. 처음에는 좀 들뜨는 것 같은데 시간이 지나면 아주 자연스러워 보입니다.
So So ★ 양이 적은데 비싸요. 파운데이션이 다 그렇지만 각질이 제거되지 않은 상태에서 바르면 각질이 일어날 수 있습니다.

❸ 미스트 형태의 에센스나 스킨을 건조한 곳에 뿌린다. 손바닥을 마주 하고 비벼서 따뜻하게 만든 후 손으로 피부를 부드럽게 눌러준다. 손의 열기가 보습 성분과 파운데이션이 피부에 잘 정착하도록 도와서 피부가 촉촉하고 아름다워진다.

미스티안 스프레이

Best ★ 미스트는 화장을 다 한 후 뿌리기 때문에 입자가 크면 공들인 화장을 망칠 수 있죠. 미스트를 여러 가지 사용해봤지만 분사력 면에서는 미스티안 스프레이를 따라올 자가 없습니다. '안개를 담은 미스트'라더니 정말 안개처럼 곱고 고르게 분사되기 때문에 화장을 흐트러뜨리거나 물방울이 맺히는 현상 같은 게 전혀 없습니다. 향도 아주 순하고 보습효과 역시 뛰어납니다.
So So ★ 오프라인 매장에서는 구할 수 없습니다.

이니스프리 그린티 미네랄 미스트

Best ★ 유분기도 적고, 분사 범위도 넓어 뿌리면 바로 촉촉해집니다. 150ml, 50ml 두 가지가 있어 용도에 맞게 선택할 수 있어 좋습니다.
So So ★ 향이 좀 강합니다.

눈가의 칙칙함을 말끔히, 축 처진 속눈썹을 다시 아찔하게 UP!

❶ 휴지를 반으로 접어 눈가에 댄다. 면봉에 아이리무버를 묻혀서 지저분한 마스카라를 지운다. 평소 면봉에 아이리무버를 듬뿍 묻혀서 마르지 않게 지퍼백에 넣어가지고 다니면, 외출 시 수정화장을 할 때 편리하다.
❷ 스펀지나 손끝에 매트한 파운데이션을 소량 발라 눈가를 톡톡 두드려 얼룩을 지운다. ❸ 마스카라가 뭉치지 않게 속눈썹을 여러 번 빗은 후 뷰러로 속눈썹에 컬을 만든 다음 마스카라를 꼼꼼히 바른다.

로레알 젠틀 립아이 메이크업 리무버

Best ★ 잔여물이 남지 않고 워터프루프 마스카라도 잘 지워져요. 그리고 순해서 눈에 들어가도 따갑지 않아요.
So So ★ 사용할 때마다 흔들어 써야 하는 점과 뚜껑 여닫기가 불편해요.

미샤 더 스타일 화이트티 립 앤 아이 메이크업 리무버

Best ★ 잔여물 없이 말끔히 지워집니다. 또 오일층이 없어 흔들어 쓸 필요도 없고, 무향이라 부담스럽지 않습니다.
So So ★ 오일프리라 가볍고 산뜻합니다. 가벼운 화장은 잘 지워지는데 워터프루프 마스카라 지우는 데는 좀 오래 걸리네요.

데이트에서 그를 사로잡을 반짝반짝 별을 뿌린 눈매

가루 타입의 '반짝반짝 펄 아이섀도'를 눈꺼풀의 중앙에 톡톡 바른 다음, 그 주변에 펄을 흩뿌린다는 느낌으로 발라간다.

가루 타입은 펄 입자가 커서 인상을 화려하게 업그레이드 한다. 또 아침에 칠한 아이섀도와 색깔이 달라도 반짝반짝해서 잘 어우러진다. 레스토랑 조명 아래서도 예쁘게 반사되어 눈동자가 별을 박아 놓은 듯 반짝거릴 것이다.

에뛰드하우스 반짝 눈물 파우더 다이아몬드 펄
Best ★ 살구핑크색에 보라색 펄도 섞여 있어서 눈 밑에 발라주면 눈물효과로 청순해 보입니다. 눈꺼풀에 바르면 화려하게 반짝여서 예쁜 아이 메이크업이 완성됩니다.
So So ★ 펄 입자가 조금 크고, 열 때마다 가루 날림이 있습니다.

미샤 더 스타일 다이아 펄 아이즈
Best ★ 펄이 너무 블링블링하지 않고 은은합니다. 처음 바를 때는 색이 너무 진한가 싶다가도 손으로 쓱쓱 문질러주면 연해지면서 예쁘네요.
So So ★ 가루 타입이다보니 지속력은 좀 약해요.

칙칙한 피부에 보랏빛 파우더로 투명감 업그레이드
❶ 연한 보랏빛 하이라이트 파우더를 눈 밑의 ▽존과 이마에서 콧대로 이어지는 T존, 뺨(볼터치를 하는 부분), 턱 끝에 살짝 바른다. ❷ 파우더를 바른 다음에는 양손을 비벼 따뜻하게 만든 후 얼굴을 부드럽게 눌러 파우더를 고정한다. 이렇게 하면 저녁의 칙칙한 피부에 투명감이 되살아난다. 이 아름다운 피부 마술의 포인트는 보랏빛 파우더를 사용하는 것!

메이크업포에버 슈퍼 매트 루즈 파우더

Best ★ 수정화장할 때 파우더를 덧바르면 뭉치는 경우가 많은 데, 이 제품은 기름종이로 유분을 닦아낸 다음 바르면 뭉치지 않고 뽀송뽀송해집니다.

So So ★ 커버력은 거의 없고, 퍼프가 내장되어 있지 않습니다.

가게 조명 밑에서는 보랏빛 반짝임이 피부를 가장 아름답게 보이게 해주기 때문이다.

건조한 입술을 촉촉하고, 반짝반짝하게

사무실의 에어컨이나 히터 등으로 입술이 건조해졌다면 립밤으로 확실하게 촉촉하게 만든다. 그 다음, 펄이 들어 있는 핑크색 립글로스를 바른다. 그럼 조명 아래서 반짝반짝 빛나는 매력적인 입술이 완성된다.

고운세상 립 콘투어 크림

Best ★ 번들거리거나 끈적이지 않고 촉촉합니다. 보습시간도 길어서 점심식사하고 립글로스가 다 지워진 상태에서도 촉촉함이 남아 있습니다. 무향, 무색이라 아이와 함께 사용해도 좋네요.

So So ★ 뻑뻑해서 짤 때 조금 힘듭니다.

랑콤 쥬시튜브

Best ★ 달곰한 향기외 오랜 지속력이 마음에 듭니다. 보통 립글로스 바르면 지속력이 떨어져 입술이 잘 트곤 했는데 이 제품을 사용하고는 입술이 정말 편안하고 촉촉합니다. 펄이 좀 많아 보이는데 바르면 윤기 있어 보이는 정도입니다.

So So ★ 발색이 연해서 자연스러운 메이크업을 원하는 분들에게 적절할 것 같습니다.

크리니크 수퍼밤 모이스처라이징 글로스

Best ★ 웬만한 립밤보다 촉촉하고 부드럽습니다. 끈적임도 전혀 없고요. 처음 바를 때는 반짝반짝 예쁘고, 시간이 지날수록 촉촉함과 입술에 자연스런 발색이 남아 청순한 입술을 만들어 줍니다.

So So ★ 무향이라 자극이 없는 반면 색상이 조금 밋밋합니다.

Chapter 4

HAIR STYLING

Morning **5 Minutes**
Makeup **&** Hair

Makeup & Hair

집게핀 하나로 눈 깜짝할 사이에 완성하는

자연스러운 굵은 웨이브

물결치듯 출렁이는 길고 풍성한 웨이브 머리는 긴 생머리와 함께 여성스러움을 부각시켜주는 헤어스타일 중 하나다. 게다가 긴 생머리에서는 느낄 수 없었던 세련미도 느껴진다. 여성이라면 누구나 한 번쯤 굵은 웨이브 머리에 도전해보고 싶어 하지만, 실행에 옮기는 것은 쉽지 않다. 퍼머를 하자니 머리카락이 손상될까 걱정스럽고, 헤어아이론을 쓰자니 서툴러서 가뜩이나 정신없는 출근준비 시간이 더 바빠질 것만 같다.
하지만 이런 당신의 꿈은 집게핀 하나만 있으면 아주 간단하게 실현할 수 있다.

Step 1. 아침에 일어나자마자 머리카락을 빙글빙글 한 다발로 꼬아서 목덜미보다 약간 위쪽에다 틀어올린다.

Step 2. 머리를 나누거나 드라이할 때 쓰는 커다란 집게핀으로 머리를 고정한다. 이때 고무줄로 고정시키는 건 금물이다! 머리카락에 고스란히 자국이 생기기 때문이다. 이대로 화장 또는 식사를 하거나 옷을 갈아입는 등 출근준비를 한다.

머리카락을 한 다발로
꼬아서 둥글게 틀어올리고
집게핀으로 고정한다.

집게핀을 빼고
헤어스프레이를
뿌린다.

풍성한
굵은 웨이브
완성

Step 3. 밖으로 나가기 전에 집게핀을 뺀다. 머리카락이 꼬여 있는 상태에서 탄력이 생기는 타입의 스프레이를 뿌린다.

Step 4. 두 손을 사용해서 머리를 빗어 내리듯이 꼬임을 풀어헤친다. 이때 머리카락 사이사이에 공기가 들어가도록 펼치는 것이 포인트다.

Step 5. 마지막으로 왁스를 약간만 덜어서 머리카락 안쪽부터 구기듯이 발라서 정리한다.

머리 모양이 잘 만들어지지 않는 사람은 왁스를 바르면서 드라이어로 가볍게 열을 가하면 깔끔한 웨이브를 유지할 수 있다. 퍼머를 해도 웨이브가 금세 풀리는 사람에게도 추천하는 헤어 스타일링 방법이다.

key item

스펀지 헤어롤

Best ★ 일본여행 다녀온 친구에게 선물 받았는데, 처음 봤을 때는 '이것이 무엇에 쓰는 물건인고?' 싶었어요. 자연스러운 드라이펌을 만들어주는 롤이라는데 외형이 허접해서 반신반의했습니다. 그런데 머리 감고 물기가 조금 남은 상태에서 말아놓고 한 시간정도 잊고 있다가 풀어보면 자연스러운 웨이브가 생기네요. 스펀지라 잘 때 감고 자도 불편하지 않고요.
So So ★ 왁스나 스프레이로 고정하지 않으면 컬이 금방 풀려요.

BS 스타일링 스프레이 바운스

Best ★ 끈적이지 않고 세팅이 하루 종일 유지됩니다. 가격도 저렴하고 용량도 아주 넉넉합니다.

So So ★ 남성용 스킨과 비슷한 무스크향이 나는데 향이 상당히 강한 편입니다.

로레알 테크니아트 픽스 디자인 스프레이

Best ★ 헤어샵에서 사용하는 걸 보고 구매했습니다. 세팅이 정말 오래가네요.

So So ★ 시간이 지나도 처음 그대로 고정되어 있어서 자연스러운 스타일에는 적합하지 않은 것 같네요.

웰라 하이헤어 포미 왁스

Best ★ 무스 타입이다보니 바르기 쉽고, 바른 후에도 산뜻하고 촉촉합니다. 일반 왁스처럼 머리카락이 딱 딱해지지 않고 광택이 은은하게 납니다. 자연스러운 웨이브 스타일을 원할 때 알맞은 제품입니다.

So So ★ 양이 적어 헤프네요.

티지 베드헤드 스몰토크

Best ★ 헤어샵 추천으로 구입했어요. 끈적임 없고 덩어리지거나 딱딱하게 굳는 현상이 없어서 만족합니다. 손에 짜서 바른 후에 손을 씻지 않아도 될 정도로 보송보송합니다. 바르자마자 풀어져 있던 웨이브가 탱글탱글해지는 걸 눈으로 확인할 수 있습니다. 따로 헤어에센스를 안 발라도 머리가 하루 종일 촉촉하고 윤기 있어 보입니다.

So So ★ 머리에 벌이 달려드는 거 아닌가 싶게 달콤한 향이 나는데, 너무 강해서 향수 등 모든 향을 압도합니다.

여성스러움이 물씬 풍기는
앞머리 옆으로 넘기기

요즘 트렌드는 앞머리를 일자로 자르는 것이지만, 여전히 한쪽으로 약간 무겁게 늘어뜨린 앞머리도 인기 있다. 자연스럽게 옆으로 흐르는 앞머리는 우아하면서 세련돼 보인다. 하지만 바쁜 아침에 드라이를 해서 앞머리에 자연스러운 컬을 만들기는 상당히 어렵다. 특히 헤어드라이어 사용에 서툴다면, 진땀 흘리며 앞머리와 씨름해봤자 머리 모양도 원하는 대로 안 나오고 머릿결만 상할 수 있다.

옆으로 넘긴 앞머리의 포인트는 이마를 따라 자연스럽게 흐르는 커다란 C자 모양의 컬이다. 열전도 헤어롤을 사용하면 특별한 드라이 테크닉 없이도 쉽게 C컬을 만들 수 있다. 열전도 헤어롤이란 안쪽에 알루미늄 심이 둘러져 있어 드라이어로 데우면 열기가 유지되면서 자연스럽게 컬을 만드는 롤을 말한다.

Step 1. 머리카락이 약간 젖은 상태에서 앞머리를 가지런히 만들어서 열전도 헤어롤로 감아준다.

Step 2. 그냥 똑바로 말거나 대충 비스듬히 말기만 하면 묵직한 C컬이 만

앞머리를 살짝
잡아 당겨 열전도
헤어롤로 감아준다.

'C자'를 상상하면서
롤을 비스듬히 내리면서
앞머리를 말아간다.

드라이어로 롤을
데운 다음 몇 분간 그대로 둔다.
롤을 풀면 자연스럽게
옆으로 흐르는 앞머리
완성

들어지지 않는다. 그림처럼 롤을 사선으로 살짝 틀어 머리를 팽팽하게 당기면서 끝까지 감아준다. 이때 머릿속에 'C'자를 떠올리면서 감는다.

Step 3. 머리를 다 말았으면, 드라이어 온풍으로 롤을 데우고 3분 정도 기다렸다가 풀어준다.

Step 4. 앞머리가 하루 종일 유지될 수 있도록 부드러운 타입의 왁스를 손 끝에 약간 발라서 앞머리 끝을 누른다는 느낌으로 매만져준다.

열전도 헤어롤
Best ★ 속에 알루미늄이 둘러져 있어 일반 헤어롤보다는 컬을 만들기 쉽습니다. 벨크로로 되어 있어서 말았을 때 흘러내리지 않지만 같이 들어 있는 집게핀으로 고정해놓으면 더 탄탄하니 좋네요. 롤 두 개를 연결해서 긴 롤을 만들 수도 있어요.
So So ★ 롤이 딱 한 가지 크기로만 나오네요.

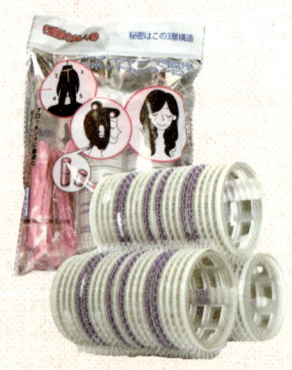

깻잎머리핀
Best ★ 손바닥처럼 넓적한 핀을 앞머리에 꽂아놓으면 자국 없이 자연스러운 컬이 만들어진다는 아이디어가 너무 재미있습니다. 머리가 살짝 젖은 상태에서 꽂아두면 아주 효과적입니다. 앞머리가 말을 잘 안 듣는다면 헤어드라이어 뜨거운 바람을 몇 초 쐬어주면 더 효과적이고요. 화장할 때 앞머리를 고정하는 용도로도 유용합니다.
So So ★ 일자로 곧게 뻗은 앞머리에는 별 효과가 없네요.

아이비루 서모 롤러

Best ★ 화장할 때 머리를 말아두면 드라이를 하지 않아도 자연스러운 웨이브가 나와서 좋습니다. 사이즈가 다양해서 스타일에 따라 선택의 폭도 넓습니다.

So So ★ 국내에 정식 출시되지 않았습니다. 하지만 비슷한 제품이 국내에도 많습니다.

앞머리용 열전도 헤어롤

Best ★ 일반적인 헤어롤은 원형인데 타원형으로 되어 있어 앞머리를 말 때 좋습니다. 안 그래도 더운 여름에 헤어드라이어랑 씨름하다보면 땀이 줄줄 흘렀는데 드라이를 안 해도 앞머리가 잘 정돈되니 좋습니다.

So So ★ 롤이 커서 앞머리가 짧으면 사용하기 어렵습니다.

에뛰드하우스 핫 스타일 왁스

Best ★ 향도 좋고 촉촉해서 에센스를 따로 바르지 않아도 되요. 튜브형이라 사용하기도 편하고 위생적입니다.

So So ★ 컬을 부드럽게 살려주지만, 세팅력이 강하지는 않아요.

Makeup & Hair

전지현 부럽지 않은 윤기나는 머릿결을 위한

초간단 드라이법

긴 머리의 생명은 뭐니뭐니해도 찰랑찰랑 윤기나는 머릿결인데, 아침부터 머릿결이 부스스하다면? 스프레이나 왁스로 윤기를 내볼 생각이라면 일찌감치 포기해라. 당장은 윤기 있어 보일지도 모르지만, 시간이 지나면 머리카락이 처덕처덕 엉겨 붙으면서 자칫 감지 않은 머리처럼 보일수도 있다. 이때는 헤어드라이어와 손을 이용해서 찰랑찰랑 윤기가 흐르는 머릿결을 만들어보자.

Step 1. 머리카락이 살짝 젖도록 물을 고루 뿌려준다. 이때 아벤느 온천수 스프레이나 에비앙 워터 스프레이 등 스킨케어에 사용하는 입자가 고운 물을 뿌려주면 더욱 좋다. 입자가 고우면 그만큼 침투 속도가 빨라진다.

Step 2. 오른손에 헤어드라이어를 들고 왼손으로 머리카락을 아래로 잡아당기면서 온풍을 쐬어준다. 드라이어는 머리카락과 45도를 유지하게 비스듬히 기울이고, 머리카락의 뿌리부터 머리카락 끝을 향해서 조금씩 이동하면서 온풍을 쐬어준다.
'머리카락이 말랐나?' 싶은 생각이 들면 드라이어를 이동한다. 구간마다

이벤느 온천수 스프레이

에비앙 워터 스프레이

45도

약 3초 정도씩 머물면 적당하다. 드라이어 바람을 너무 오래 쐬면 머리카락이 손상되니 주의하자.

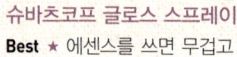 **Step 3.** 이번에는 드라이어의 냉풍을 머리카락 전체에 20초 정도 쐬어준다. '온풍'과 '냉풍'을 반복하는 것이 자연스러운 윤기의 비결이다!

Step 4. 마지막으로, 가볍게 윤기를 내는 스프레이로 마무리하면 하루종일 찰랑거리는 머릿결을 유지할 수 있다.

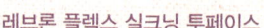

key item

슈바츠코프 글로스 스프레이
Best ★ 에센스를 쓰면 무겁고 처지는 느낌인데, 가벼우면서 뿌려주기만 해도 윤기가 흐르는 게 아주 좋습니다. 드라이 마무리할 때 필수품이에요.
So So ★ 이름에 '스프레이'라는 말이 들어가는데 고정력은 없네요.

티지 헤드러시 광택스프레이
Best ★ 드라이 마지막 단계에 뿌려주면 모발이 정돈된 느낌이 듭니다. 염색한 머리에 사용하면 푸석거리는 느낌이 사라지고 반짝거려서 왠지 색이 더 예뻐지는 것 같아요.
Best ★ 고정력은 없고, 수입품이라 그런지 가격이 비싼 편이네요.

레브론 플렉스 실크닝 투페이스
Best ★ 두 개로 분리된 층이 사라질 때까지 사용 전 충분히 흔들어야 합니다. 넓고 고르게 분사되고, 뿌리면 푸석푸석한 머리가 바로 차분해지네요. 용량이 커서 오래 씁니다.
So So ★ 향이 남성 스킨과 유사하네요.

솜사탕처럼 풍성한 느낌의

볼륨감 있는 짧은 머리 연출법

짧은 머리는 어려 보이면서도 세련된 매력까지 풍기지만, 제대로 관리하지 않으면 금세 지저분해 보인다. 특히 볼륨감이 없으면 촌스러워 보이기 쉽다. 하지만 밤늦게 머리를 감고 열심히 드라이를 해도 엎드려 자지 않는 한 자고 일어나면 뒤통수가 납작해져서 볼륨감이라고는 온데간데 없이 사라지기 일쑤다.

엉망진창이 되어버린 머리를 드라이해서 다시 살려낼 수 있는 충분한 시간이 없다면, 집게핀과 헤어스프레이를 이용해보자. 이 둘만 있으면 눈 깜짝할 사이 푹 꺼진 볼륨을 풍성하게 살려낼 수 있다.

Step 1. 손에 왁스를 소량 덜어내서 고루 편다. 머리카락을 구긴다는 느낌으로 왁스를 바른다. 왁스를 한 번에 많이 덜어내면 일부에 집중적으로 발라져 뭉쳐 보일 수 있다. 소량씩 나누어서 여러 번 골고루 바르도록 하자.

Step 2. 정수리의 머리카락을 들어 올려 집게핀으로 고정시킨다. 여기에 하드 헤어스프레이를 뿌리고 잠시 그대로 놓아둔다.

하드 헤어스프레이

집게핀

정수리의 머리카락을
들어 올려 집게핀으로
고정시키고 스프레이를
쉭 뿌린다.

풍성한 볼륨감

Step 3. 외출하기 전에 핀을 빼고 손가락으로 머리카락의 방향을 잡아 정리한다. 빗으로 빗거나 손으로 너무 많이 만지면 솜사탕처럼 풍성한 볼륨이 푹 꺼져버릴 수 있다. 집게핀을 뺀 다음에는 손으로 가닥가닥 빗어서 정돈하지 않도록 주의한다.

외출 중에도 화장을 고치면서 같은 방법으로 볼륨감을 되살릴 수 있다. 특별한 도구 없이도 어디서나 할 수 있는 편리한 비법이니 꼭 기억해두자.

로레알 테크니아트 픽스 디자인 스프레이

Best ★ 헤어샵에서 사용하는 걸 보고 구매했습니다. 세팅이 정말 오래가네요.

So So ★ 시간이 지나도 처음 그대로 고정되어 있어서 자연스러운 스타일에는 적합하지 않은 것 같네요.

로레알 에르네뜨 헤어스프레이

Best ★ 다른 스프레이들은 시간이 지나면 하얀 가루 같은 것이 생기는데 이건 그렇지 않네요. 딱딱하거나 뻑뻑하지 않아서 뿌리고 난 후에도 머리가 맘에 안 들면 다시 스타일을 바꿀 수 있고요. 뿌리고 나면 윤기도 많이 납니다.

So So ★ 분사 범위가 넓어서 조심해서 뿌리지 않으면 얼굴에 묻기도 합니다.

러쉬 뉴 샴푸바

Best ★ 처음 1주는 별 효과 못 느꼈는데, 시간이 좀 더 지나고 나서부터는 머리카락이 덜 빠지는 게 느껴지네요. 두세 번 문지르면 거품이 풍성하게 일어 꽤 오래 씁니다. 비누로 감을 때처럼 조금 뽀득거린다 싶은 감이 있는데, 머리를 말리면 뻣뻣한 감은 이내 사라지고 꽤 부드럽습니다. 샴푸바를 사용하고 두피 트러블도 많이 줄어들었습니다.

So So ★ 핸드메이드이기 때문에 간혹 무른 비누를 받을 수도 있습니다. 일반 샴푸 같은 꽃향기를 기대하면 안 됩니다.

탈모를 예방하려면 머리는 밤에 감자!

모낭세포는 밤 10시에서 새벽 2시 사이에 활발히 분열하고 증식하는데, 이때 가장 많은 산소를 필요로 한다. 그래서 두피를 깨끗이 하고 잠자리에 드는 것이 좋다.

평소 피지 분비가 많거나 무스, 젤, 왁스, 스프레이 등을 사용한 날에는 반드시 자기 전에 머리를 감아야 한다. 헤어스타일링 제품은 대부분 오일을 함유하고 있다. 오일 성분은 모공을 막고 각질의 원인이 된다. 또 헤어스타일링 제품을 바르면 끈적임 때문에 평소보다 모발에 먼지가 더 잘 달라붙는다.

모발에 남아 있는 샴푸 성분이 뜨거운 열을 받게 되면 머리카락이나 두피가 손상돼 탈모를 부추길 수 있으므로, 샴푸는 반드시 깨끗하게 헹구도록 한다.

두피는 가급적 자극하지 않는 것이 좋다. 두피를 자극해주면 혈액순환이 좋아지고 모근이 활성화되어 탈모에 좋다고 믿는 경향이 있는데, 이는 잘못된 상식이다. 표피와 두개골 사이의 좁은 공간에 많은 세포가 모여 있는데, 이 부분을 빗과 같이 끝이 뾰족한 것으로 두드리면 모세혈관과 모낭세포가 파괴되어 오히려 탈모를 촉진한다. 머리를 감을 때도 손톱으로 긁지 말고 손끝으로 마사지하듯이 비벼주는 게 좋다.

바쁜 아침에도 절대 실패하지 않는

앞머리 5분 셀프 커트법

요즘 유행하는 눈썹 바로 아래까지 일자로 내려오는 묵직한 앞머리. 눈썹 바로 아래까지 내려온 앞머리 라인을 유지하려면 수시로 앞머리를 잘라 줘야 한다. 그때마다 미용실에 가자면 비용도 비용이지만 무척 번거롭다. '앞머리 정도는 혼자서도 자를 수 있다면 좋을 텐데…….' 아침에 일어나 서 문득 생각이 나도 5분이면 할 수 있는 손쉬운 커트법을 소개한다.

Step 1. 머리가 마른 상태에서 앞머리를 몇 다발로 나누어서 배배 꼬아준 다. 젖은 상태에서 자르면 마른 다음에 길이가 달라져버리니 주의!

Step 2. 가위를 세워서 배배꼰 머리카락 끝부분을 조금씩 싹둑싹둑 자른 다. '세로로 자르기'는 머리카락이 한 번에 너무 많이 잘리는 것을 방지하 고, 머리숱을 적당히 쳐내서 가벼운 느낌이 들기 때문에 셀프 커트를 할 때 가장 좋은 방법이다.

Step 3. 마지막으로 앞머리를 가지런하게 빗은 다음 부자연스러운 머리 카락만 다듬으면 된다. 커트 후 얼굴에 붙은 짧은 머리카락은 수건 끝으 로 닦아내면 깔끔해진다.

가위를 세워서
한 다발씩 자른다.

Makeup & Hair

하나로 질끈 올려 묶는 밋밋한 포니테일,

우아하거나 발랄하게 연출하기

바쁜 아침, 정돈되지 않은 머리카락을 무심코 하나로 질끈 묶고나갈 때가 많지 않은가? 머리를 하나로 올려 묶는 포니테일은 단정한 느낌을 주는 반면 스타일에 신경을 안 쓰는 듯한 인상을 주거나 촌스러워 보이기도 한다. 하지만 묶는 높이나 위치, 방법 그리고 무엇으로 묶느냐에 따라 상당히 화려해지질 수도 있는 헤어스타일이다.

우아한 포니테일

Step 1. 먼저 평소처럼 머리를 하나로 묶는다.

Step 2. 묶은 곳보다 아래쪽에서 머리카락을 약간 잡아 빼서 고무줄이 보이지 않도록 빙빙 감는다.

Step 3. 감은 머리끝이 보이지 않게 안쪽에서 실핀으로 고정시킨다.

고무줄을 자신의 머리카락으로 감춘 이 헤어스타일은 우아하면서 성숙한 분위기를 풍기기 때문에 정장이나 여성스러운 의상과도 아주 잘 어울린다.

세련되면서 화려한 포니테일

Step 1. 빗을 사용하지 않고 손으로 머리카락을 모아 올린 다음, 약간 높은 위치에서 하나로 꽉 묶는다. 빗대신 손으로 묶으면 매끈하지는 않지만, 한층 자연스럽게 느껴진다.

Step 2. 정수리 부분의 머리카락을 불규칙하게 다섯 군데 정도에서 약간씩 잡아당겨 빼낸다.
이렇게 하면 정수리에 적당한 볼륨감이 생기면서 화려한 분위기를 연출할 수 있다. 이런 포니테일이라면 정장이나 캐주얼, 어떤 의상과도 잘 어울린다. 여기에 원색의 가는 헤어밴드로 마무리하면 소녀처럼 깜찍하면서도 발랄한 느낌을 줄 수 있다.

포니테일은 머리를 묶는 위치에 따라 다양한 느낌이 난다. 귀밑 아래로 묶으면 단아한 분위기를, 귀보다 위에 묶으면 경쾌하고 시원한 분위기를, 정수리에 가깝게 묶으면 섹시하면서 시크한 분위기를 연출할 수 있다.

꼭 해보고 싶은 포니테일 스타일

따라해 보고 싶은 헤어스타일이 있으면 평
소에 스크랩해뒀다가 한가할 때 연습해보자.
혼자서 잘 안 될 때는 단골 헤어샵 디자이너
에게 조언을 구하면 된다.

Makeup & Hair

멋대로 뻗친 앞머리에 대처하는 자세

'청개구리 드라이'로 원하는 대로 앞머리 방향 바꾸기

사방으로 뻗친 앞머리를 물에 적셔서 기껏 드라이했는데 마르니까 원래 대로 돌아가고 말았다. 누구나 한 번쯤 마음대로 스타일링되지 않는 앞머리와 씨름하느라 진이 빠졌던 경험이 있을 것이다. 하지만 머리카락의 성질을 알고, 제대로 된 드라이 방법을 알고 있다면 앞머리 스타일링도 쉬워질 수 있다.

앞머리를 직선으로 똑바로 내리고 싶을 때

Step 1. 머리카락의 뿌리를 가볍게 적신 다음, 앞머리를 오른쪽으로 잡아 당기면서 헤어드라이어로 5초 정도 온풍을 쐬어준다.

Step 2. 이번에는 반대로 앞머리를 왼쪽으로 잡아당기면서 5초 정도 온풍 을 쐬어준다. 마지막으로 머리카락을 손으로 빗어서 똑바로 내리면 완성! 머리카락을 좌우로 똑같이 당겨줌으로써 앞머리가 어느 한 쪽으로 치우 치지 않게 만드는 것이다.

머리카락을 한쪽으로 비스듬히 늘어뜨리고 싶을 때

Step 1. 머리카락의 뿌리를 가볍게 적신다. 앞머리를 늘어뜨리고 싶은 쪽과 반대방향으로 잡아당긴다.

예를 들어 앞머리를 오른쪽으로 늘어뜨리고 싶을 때는 왼쪽으로 잡아당기면서 뿌리에서 머리끝까지 온풍을 쐬어준다.

Step 2. 손바닥에 소프트왁스를 조금 덜어 고루 편 후, 늘어뜨리고 싶은 방향으로 손가락으로 살살 빗으며 머리카락을 정돈한다.

이렇게 하면 앞머리가 머리카락의 뿌리부터 자연스럽게 늘어지고, 또 스타일이 오랫동안 유지된다.

key items

미쟝센 스타일 그린 내추럴 왁스

Best ★ 보통 왁스와 달리 투명한 젤리처럼 생겼습니다. 고정력도 어느 정도 있고 마른 후에도 머리카락이 딱딱해지지 않습니다. 끈적이지 않고 자연스럽게 스타일링 됩니다.

So So ★ 손으로 덜어 쓰는 방식이라 쓰다보면 머리카락도 들어가고 불편합니다.

웰라 하이헤어 바운시 딥 왁스

Best ★ 보기에는 젤처럼 보이는데 만져보면 왁스 같은 특이한 제형입니다. 뻑뻑하지 않고 부드럽게 발리네요. 머리가 하루 종일 촉촉하고 윤기나 보여. 부드러운 스타일 연출에 안성맞춤입니다. 한 동안 잘 씻기지 않는 왁스를 사용해서 두피에 트러블이 났있는데, 이 제품은 머리를 감으면 말끔히 씻기네요.

So So ★ 고정력이 좀 약한 것 같습니다. 촉촉한 반면 머리가 처지는 느낌이 들고요. 같은 웰라 제품인 펑크 쉭 왁스와 섞어 쓰면 고정력이 더 좋아집니다.

Makeup & Hair

'전문가의 손길이 느껴지는걸'
정수리의 볼륨감을 살리는 거꾸로 빗기

어떤 헤어스타일이든 포인트로 정수리 뒤쪽의 볼륨을 약간만 살려도 여성스러움이 물씬 풍긴다. 필요한 요령은 '거꾸로 빗기'. 바쁜 아침, 초스피드로 화려한 헤어스타일을 만들고 싶을 때는 빠뜨릴 수 없는 요령이다.

Step 1. 먼저 그림처럼 볼륨감을 주고 싶은 부분(정수리)의 머리카락을 손으로 잡아서 둘로 나눈다.

Step 2. 이 중에서 뒷부분의 머리카락을 앞으로 확 잡아당겨(정수리를 기준으로 130도 정도로) 헤어스프레이를 머리카락 안쪽에 가볍게 뿌린다.

Step 3. 롤브러시(둥근빗)로 머리 뿌리에서 약 5센티미터 부근에 가볍게 3~5번 정도 거꾸로 빗질을 한다. 전문용어로 '백콤(backcomb)'이라고 하는 이 기술은 머리카락을 부풀려 볼륨감을 만들어준다. 이때 살이 촘촘한 꼬리빗을 써도 좋지만 롤브러시를 쓰면 더 편하다.

Step 4. 볼륨감이 어느 정도 생겼으면 머리카락을 내려놓고 손으로 둥글게 매만진다.

앞쪽 머리카락은
집게핀으로 고정시키고
뒤쪽 머리카락은 앞으로
확 잡아당긴다.

130도

머리카락 안쪽에
스프레이를 뿌리고,
롤 브러시로 머리카락을
위에서 아래로 거꾸로
빗는다.

앞쪽
머리카락을
내려 그 위에
덮는다.

Step 5. 처음에 둘로 나누었던 윗부분의 머리카락을 그 위에 내리면 볼륨
감 있는 정수리가 완성된다.

이 상태에서 머리를 하나로 묶거나 반만 묶어도 평소보다 섹시한 포니테
일을 연출할 수 있다.

5 minutes Beauty Talk

비단 같은 머릿결을 만드는 5가지 습관

헤어스타일도 메이크업과 마찬가지로 건강한 머릿결이 뒷받침되지 않
는다면 아름다운 스타일을 만드는데 한계가 있다. 그래서 샴푸 선택부터
머리감기까지 세심한 관리가 필요하다. 윤기가 흐르는 풍성한 머릿결을
만들기 위한 생활 속 작은 습관들을 알아보자.

1. 좋은 향기, 풍성한 거품을 기준으로 샴푸를 고르지 않는다

샴푸에 세정성분이 많이 함유되어 있으면 두피를 자극하고 가려움증의
원인이 될 수 있다. 라우릴황산나트륨, 암모니아 엑스리네설포네이트,
올레핀황산나트륨 등의 세정성분을 지나치게 많이 함유하고 있는 샴푸
는 피하자. 세정력이 강한 샴푸를 오랫동안 사용하면 모발의 윤기가 사
라지고 푸석푸석해질 수 있다.

또 향이 강하고 에센스 오일이 많이 들어 있어도 두피에 자극을 줄 수 있
다. 가급적 무색소, 무향 제품을 사용하는 것이 좋다. 시중에 판매하는
제품이 너무 자극적이라 느껴진다면, 유아용 샴푸를 사용해도 좋다.

버츠비 샴푸 앤 워시

Best ★ 화학적 계면활성제를 전혀 넣지 않고 코코넛, 해바라기씨 오일 등 천연성분 99%로 만들었다고 합니다. 그래서인지 순하고 촉촉함이 오래 유지됩니다. 눈에 들어가도 따갑지 않고 미끈거림 없이 금방 헹궈집니다.
So So ★ 가격이 좀 비싼 편인데, 샴푸와 바디클렌저 겸용으로 온 가족이 함께 쓰니 금방 사용하네요.

2. 샴푸하면서 두피 마사지를 해준다

두피에는 먼지와 피지가 뒤엉켜있어 청결하게 관리해야 가렵지 않고 모발이 건강해진다. 샴푸는 500원짜리 동전 크기만큼만 덜어 먼저 손바닥에서 거품을 낸 뒤 두피에 바른다. 손가락으로 두피를 지그재그로 문지르고 뒷덜미에서 정수리, 이마에서 정수리를 향해 손가락을 엇갈리며 마사지해주면 두피의 혈액이 잘 순환되고 각질도 잘 떨어져 나온다.
머리를 헹굴 때는 뜨거운 물보다는 미지근한 물을 사용해야 건조함을 막을 수 있다. 마지막에 찬물로 헹구면 정전기가 줄어든다.

3. 린스, 트리트먼트 등이 두피에 닿지 않도록 한다

모발 표면의 큐티클(코팅)층이 일어나서 거칠어졌을 때는 트리트먼트를 사용하면 좋다. 하지만 '두피용'이라고 표시되어 있지 않은 제품은 모두 모발용 제품이다. 트리트먼트 성분은 모공을 막아 탈모의 원인이 될 수도 있다. 두피에서 3분의 1정도 떨어진 지점부터 발라 두피에 닿지 않도록 하고, 잔여물이 남지 않도록 충분히 헹궈내도록 한다.

4. 머리가 젖은 채 자지 않는다

젖은 모발과 두피는 먼지와 오염물질을 쉽게
흡착해 모공을 막는다. 또 젖은 상태로 오래 두
거나 덜 마른 상태에서 잠을 자면 수분으로 약해진 모발이
쉽게 손상되고, 습한 두피에 균이 생겨 비듬의 원인이 된다.
너무 뜨거운 바람을 쐬면 단백질이 주성분인 머리카락이 손상되고 건조
함이 심해진다. 드라이하기 전 헤어에센스를 발라주면 열에 의한 손상을
막을 수 있다. 헤어드라이어는 머리에서 20~30센티미터 이상 거리를 두
고 사용한다. 드라이어 찬바람으로 머리카락 뿌리부터 말려주면 머리카
락 사이사이에 공기가 들어가 풍성한 머리 모양을 연출할 수 있다.

5. 잦은 염색과 퍼머는 금물이다

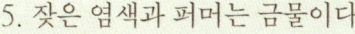

염색과 퍼머는 머리카락의 큐티클층을 파괴한다. 한 번 파괴된 큐티클층
은 머리카락을 자르지 않는 한 회복되기 어렵다. 염색이나 퍼머는 1년에
2, 3회 정도만 하는 것이 좋다.
또 머리를 풍성하게 보이기 위해 머리카락 끝에서 뿌리 쪽으로 빗질(백
콤)을 하면 머리카락이 부서지고 윤기를 잃게 된다. 머리를 자주 묶는 것
도 큐티클층을 약하게 한다.

Makeup & Hair

뻗친 머리카락 끝을 짝 펴는

헤어에센스와 머리카락 끝 빙빙 말기

아침에 일어나면 머리카락 끝이 사방팔방 뻗쳐 있다. 뻗친 머리는 헤어
아이론으로 말끔하게 펴거나 헤어드라이어로 예쁘게 컬을 만들면 문제
될 게 없다. 하지만 우리의 아침에 늘 부족한 것은 바로 시간이다! 뻗친
머리는 '에게! 이게 다야?'라고 할 만큼 간단한 비법으로 한 방에 해결해
버리자.

Step 1. 씻어내지 않는 트리트먼트제(헤어에센스나 세럼)를 머리카락 끝
에 가볍게 바른다. 너무 많이 바르면 머리가 기름질 수 있으니 적당량만
바르도록 하자.

Step 2. 머리가락 전체를 네 덩어리로 나눈다. 한 덩어리씩 왼손 집게손가
락을 이용해 안쪽으로 빙글빙글 감아서 배배 꼬아준다.

Step 3. 그대로 머리카락을 앞으로 잡아당기고 오른손으로 드라이어의
온풍과 냉풍을 5초씩 번갈아가며 쐬어준다. 뒤쪽 머리카락은 어깨보다
도 훨씬 앞으로 가져와서 바람을 쐬어주는 것이 요령이다.

Step 4. 머리가 마르면 손으로 쓱쓱 빗어서 정돈하면 완성이다.

롤브러시나 롤드라이어를 사용하지 않더라도 손가락만 있으면 멋대로 뻗친 머리를 깔끔하게 안쪽으로 말아줄 수 있다.

로레알 엘세브 스무드 인텐스 세럼

Best ★ 두피가 지성이라 처음엔 끈적일 것 같아 걱정을 많이 했는데요. 전혀 끈적이지 않고 쏙 스며듭니다. 잦은 퍼머와 염색으로 머리가 부스스하고 약해서 드라이나 아이론을 사용해도 매끄럽게 나오지 않았는데, 이 제품을 바르고 나면 윤기가 자르르 나는 게 아주 만족스럽습니다. 향 또한 은은하면서 고급스럽습니다.

So So ★ 물 같은 제형이라 다른 제품보다는 많이 발라야 해요.

케라스타즈 레지스턴스 시몽 테르미크

Best ★ 열과 반응하는 모발강화 에센스입니다. 이 제품을 바르고 드라이했을 때와 안 바르고 했을 때 차이가 확 느껴집니다. 이 제품을 바르고 아이론이나 헤어드라이어 등 열기구를 사용하면 머릿결이 훨씬 부드러워지네요.

So So ★ 125ml가 4만 원 정도니 상당히 비싼 편입니다.

마쉐리 퍼펙트 스무드 샤워

Best ★ 머리가 헝클어져 있을 때 칙칙 뿌려주면 가라앉으면서 차분해져요. 봄, 겨울로 정전기가 심한 계절의 필수품입니다. 향기도 은은하니 튀지 않고 좋습니다. 리필을 따로 판매하니 경제적이네요.

So So ★ 건조한 모발은 한 번으로 안 되고 수시로 뿌려줘야 해요.

미장센 데미지케어 퍼펙트 세럼

Best ★ 가격에 비해 양이 너무 적은 거 아닌가 생각했는데, 고농축이라 조금만 사용해도 머리가 아주 부드러워집니다. 진득한 에센스가 머리에 바르면 스스로 녹아드는 것 같아요.

So So ★ 고농축이라 많이 사용하면 기름진 느낌이에요.

휘록 바이오 실크테라피

Best ★ 제형이 되직하시만 아주 잘 스며듭니다. 다른 에센스는 바르고 나면 손이 미끈거리거나 끈적거리는데, 이 제품은 전혀 그렇지 않습니다. 오십 원짜리 동전 크기만큼 두 번 나눠 바르면 푸석하던 머리가 촉촉해지고 윤기가 흐릅니다. 머리가 약간 젖은 상태에서 바르는 게 훨씬 효과적인 것 같아요. 향기도 은은해서 아주 좋네요.

So So ★ 가짜를 속여 파는 곳이 많아서 구매할 때 주의가 필요합니다. 정품은 홀로그램스티커가 붙어 있습니다.

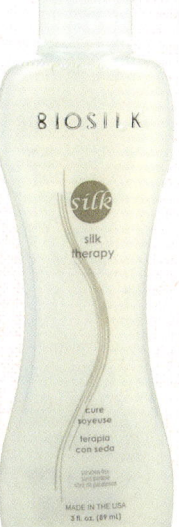

195 • Hair Styling

Makeup & Hair

풍성한 느낌의 헤어스타일을 만드는
물구나무 스프레이법

최근의 헤어스타일 트렌드는 자연스러우면서 풍성한 볼륨감이 있는 스타일들이다. 하지만 이런 별 것 아닌 것 같은 스타일일수록, 까다로운 법이다. 머리카락이 가늘고 힘이 없으면 애써 드라이를 해도 금방 푹 가라앉아버리고, 섬세하지 못한 사람이라면 왁스가 처덕처덕 덩어리지고 만다. 풍성한 머리를 동경하는 모든 사람에게, 단연 효과 좋고 간단한 비법을 하나 소개한다. 그것은 바로 '물구나무 스프레이법'이다.

Step 1. 먼저, 절을 하듯이 깊숙이 고개를 숙이고 모든 머리카락을 거꾸로 확 늘어트린다.

Step 2. 머리 안쪽에 헤어스프레이를 뿌린다.

Step 3. 기세 좋게 머리를 확 들어 올려서 손을 사용하지 않고 머리카락을 원래대로 되돌린다.

Step 4. 마지막으로, 머리카락의 표면을 손으로 빗어서 가볍게 정리하면

눈 깜짝할 사이에 볼륨감이 있는 풍성한 헤어스타일이 완성된다.
여기서 주의할 점은 마지막에 빗을 사용하지 않는 것이다. 빗으로 빗어
버리면 애써 만든 풍성한 볼륨감이 망가져 버린다.
여기에 188쪽에서 배운 거꾸로 빗기 기술로 정수리 뒤쪽을 더 볼륨 있게
만들면 스타일에 균형이 생기면서 훨씬 아름다워 보인다.

비오는 날이나 여름에 장시간 촬영을 할 때 모델의 머리가 습기나 땀 때
문에 착 가라앉아버리면 많이 쓰는 방법이다. 방법도 간단하고 필요한
도구도 따로 없으니, 밖에서 스타일을 손 볼 때에도 아주 유용하다.

로레알 에르네뜨 헤어스프레이
Best ★ 헤어샵에서 최고의 스프레이라 추
천받은 제품입니다. 다른 스프레이들은 시
간이 지나면 하얀 가루 같은 것이 생기는데
이건 그렇지 않네요. 딱딱하거나 뻑뻑하지
않아서 뿌리고 난 후에도 머리가 맘에 안
들면 다시 스타일을 바꿀 수 있고요. 뿌리
고 나면 윤기도 많이 납니다.
So So ★ 분사 범위가 넓어서 조심해서
뿌리지 않으면 얼굴에 묻기도 합니다.

레브론 플렉스 스타일링 스프레이
Best ★ 끈적임 없이 깔끔합니다. 자연스
러운 고정력을 원한다면 딱 맞습니다.
So So ★ 3~4천 원 대로 저렴한 편이지
만. 판매하는 곳마다 가격이 들쑥날쑥
합니다.

미쟝센 스타일케어 헤어 스프레이
Best ★ 머리카락이 얇고 축축 늘어지는
편이라 날씨가 조금만 흐려도 금방 풀리
곤 합니다. 그런데 다른 제품은 딱딱하게
굳기만하고 금세 풀리는데, 이 제품은 컬
이 오래 지속됩니다. 그리고 왁스와 가장
잘 어울리는 스프레이라고 생각합니다.
왁스를 바른 뒤에 살짝 뿌려서 마무리 해
주면 스타일이 하루 종일 지속됩니다. 향
도 너무 좋고요.
So So ★ 온라인과 오프라인 매장 간에 가
격차가 너무 큽니다.

이젠 머리카락도 자외선 차단을~

자외선은 주름과 잡티를 유발해 피부 노화를 초진시킨다. 그런데 자외선에 늙는 건 피부만이 아니다! 머리가 자외선에 오랜 시간 노출되면 케라틴이 손상돼 윤기와 탄력이 사라진다. 또 두피에 스트레스를 줘 탈모를 촉진한다.

햇빛이 강한 날에는 챙이 넓은 모자나 양산으로 자외선을 막아줘야 한다. 또 자외선차단 성분이 들어 있는 헤어미스트를 수시로 뿌려 빼앗기는 수분을 보충해 주는 것도 좋다.

록시땅 썸머 프로텍션 썬 헤어미스트

Best ★ 자외선차단 때문에 여름에는 두 시간에 한 번씩 뿌려주는데, 끈적이지 않고 바로 흡수되네요. 바르면 머릿결도 부드러워집니다.
So So ★ 브랜드 명성이야 알고 있지만 헤어미스트를 2만 7천 원에 구매하려니 비싸다는 생각이 드네요.

미샤 프로큐어 365 헤어미스트

Best ★ 자외선차단제가 들어 있어서 여름철 외출할 때 필수품입니다. 머릿결이 푸석푸석해 보이거ㅏ 정전기가 생길 때 뿌려주면 금방 차분해지고 윤기 있어 보입니다. 한 손에 쏙 들어오는 크기라 가방에 넣어가지고 다녀도 무겁지 않네요. 잠금장치가 있기 때문에 가방 안에서 내용물이 흐를까 염려하지 않아도 됩니다.
So So ★ 향이 진한 편인데 취향에 따라 호불호가 갈립니다.

목덜미까지 깔끔!
시간이 지나도 흐트러지지 않는 올림머리 정돈

아름답던 긴 생머리도 여름이 되면 거추장스럽다. 목에 땀이라도 나면 들러붙기 일쑤고, 머리카락으로 다 가려진 목덜미는 보는 사람도 덥게 만든다. 이럴 때 추천하는 헤어스타일은 올림머리다. 올림머리는 얼굴 윤곽을 또렷하고 작아 보이게 한다. 정수리에 사과 모양으로 올리면 시원해 보이고, 앞머리와 옆머리를 따는 일명 '벼머리'를 한 후 한쪽 방향으로 말아 올리면 여성스럽고 귀여워 보인다. 하지만 시간이 조금만 지나면 머리카락이 빠져나오고 축 처져서 지저분해지기도 한다.

Step 1. 머리를 올리고 나서 목덜미나 머리 위로 삐죽삐죽 솟아난 머리카락을 체크한다. 올림머리와 삐져나온 머리카락에 왁스 스프레이를 뿌린다.

Step 2. 살이 촘촘한 꼬리빗으로 살살 빗어가며 삐져나온 머리를 정리한다.

일반 왁스를 사용하면 머리카락이 너무 달라붙어 버리거나 왁스가 하얗게 굳어버리기도 한다. 또 하드 스프레이를 사용하면 너무 딱딱해진다. 반면 왁스 스프레이는 너무 엉겨 붙지 않으면서도 잔머리를 깔끔하게 정

스프레이 왁스를
뿌린 후 빗으로 빗어서
매만진다.

깔끔하게
정리된 머리

리하고 윤기가 나게 한다. 또 적당한 고정력이 있어 머리 손질에 아주 유용한 아이템이다.

사람의 시선은 의외로 자신이 볼 수 없는 부분에 집중되는 법이다. 이런 부분이 깔끔하게 마무리되어 있으면 훨씬 단정하고 아름다운 느낌이 든다. 긴 머리가 부스스할 때도 왁스 스프레이를 쓱 뿌리고 빗으로 부드럽게 빗으면 한결 차분해진다.

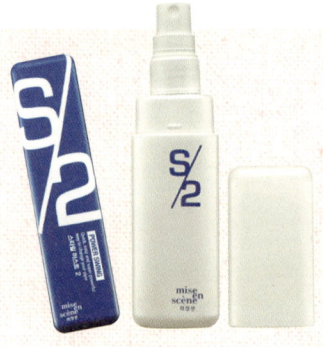

미장센 파워스윙 스타일미스트 왁스2

Best ★ 손에 덜어 쓰는 게 아니라 뿌리는 타입이어서 사용하기 편하네요. 몇 번 뿌린 후 손으로 만져주면 컬도 자연스럽게 살아납니다. 휴대성이 좋아서 컬이 풀어질 때마다 수시로 조금씩 뿌리고 다시 만져주면 됩니다. 일반 왁스에 비해서 머리카락이 뭉치는 느낌도 적습니다.
So So ★ 고정력이 강하지는 않아요.

스파이스 샤워 왁스 스프레이

Best ★ 왁스나 왁스 스프레이 제품을 사용하면 머리가 젖은 것처럼 무겁고 눅눅한 느낌이었는데, 이 제품은 촉촉하면서도 가볍게 마무리 되네요. 또 뭉침없이 고루 잘 분사됩니다.
So So ★ 이 제품을 취급하는 몇 안 되는 쇼핑몰에서도 자주 품절이 되고, 국내에서는 구하기 어려워요.

엘라스틴 스프레이 왁스

Best ★ 왁스가 끈적끈적하게 손에 묻지 않아 편리합니다. 케이스 디자인이 독특해서 쥐었을 때 편안하고, 향도 은은합니다.
So So ★ 고정력이 좀 약해요.

Makeup & Hair

베개에 눌려 납작해진 뒷머리

초스피드로 풍성하게 볼륨업!

아침에 일어나면 베개에 눌려서 뒷머리가 납작해진다. 머리라도 감고 잔 날은 뒤통수에 S자형 도로가 뚫리기도 한다. 다시 머리를 감고 드라이를 하고 싶지만, 지각하지 않으려면 그럴 시간이 없다. 이럴 때는 열전도 헤어롤로 초스피드로 볼륨을 살려보자.

Step 1. 약간 굵은 열전도 헤어롤을 두 개 준비한다. 뒷머리라면 굵기가 40mm 정도인 롤이 좋다.

Step 2. 그림처럼 뒷머리에 헤어롤을 두 개 감으면 끝! 여기서 포인트는 감는 각도다. 먼저 머리를 똑바로 위쪽으로 올리고, 앞쪽으로 잡아당기면서 헤어롤을 말아간다. 이때, 뿌리쪽만 말고 끝 부분은 말지 않는다. 머리카락의 뿌리가 서면 그만큼 머리가 풍성해 보인다.
말고 있는 시간은 15분 정도가 적당하다.

Step 3. 이렇게만 해도 좋지만, 머리카락이 힘이 없고 자고 일어나면 잘 가라앉는 사람은 롤을 말아준 다음에 헤어드라이어의 온풍을 5초 정도

쐬어주면 더 효과적이다.

Step 4. 롤을 뺀 다음에는 큰 브러시로 볼륨이 가라앉지 않게 정돈한다. 롤을 말았던 딱 중앙 정도에 가르마를 만들면 뿌리가 깔끔하게 선다.

Step 5. 탄력이 생기는 스프레이를 가볍게 쏙 뿌리면 완성이다. 머리카락은 풍성, 기분은 둥실둥실! 가벼운 느낌으로 하루를 시작할 수 있다.

 5 minutes Beauty Talk

지쳐 있는 머리카락에 링거 한 병, 직접 만드는 천연 헤어팩

푸석하고 힘없는 머릿결에 양배추 헤어팩

위를 건강하게 하고 다이어트에 효과적인 양배추는 유황 성분을 많이 함유하고 있어 탄력 있는 머릿결을 만드는데도 탁월한 효과가 있다.

준비할 것들 양배추 6분의 1통, 물 4분의 3컵, 황설탕 1 숟가락

만드는 방법

1. 깨끗하게 씻어 잘게 자른 양배추와 물을 믹서에 넣고 곱게 간다.
2. 곱게 간 양배추를 고운체에 두 번 정도 걸러준다.

찌꺼기가 두피의 모공을 막아 탈모를 유발할 수도 있으니, 잘 걸러내도록 한다.

3. 양배추 걸러낸 물에 설탕을 넣고 잘 저어준다. 설탕은 미네랄을 보충
   해 준다.
4. 머리를 감고 수건으로 물기를 제거한 상태에서 만들어둔 팩을 바른 후
   20분이 지나면 물로 깨끗하게 헹군다.

두피를 건강하게 하는 녹차 헤어팩

자외선으로 지친 두피와 푸석해진 머리카락에는 녹차 헤어팩이 효과적
이다. 녹차는 모공을 조이는 효과가 있는 탄닌과 세정력이 높은 플라보
노이드, 카텐킨 등의 성분을 함유하고 있어 두피를 깨끗하게 하고 모공
을 조이는데 효과가 있다. 그래서 녹차 우린 물로 머리를 헹구면 비듬을
예방할 수 있다. 녹차에는 탈모를 가속화시키는 남성호르몬의 작용을 억
제하는 기능도 있다.

준비할 것들 달걀노른자 1개, 가루녹차 1 숟가락

만드는 방법
1. 달걀노른자 한 개와 가루녹차 한 숟가락을
   잘 섞는다.
2. 머리를 감고, 수건으로 물기를 제거한다.
3. 팩을 빗으로 머리카락에 골고루 바른 후, 스
   팀타월로 감싼다.
4. 30분이 지나면 팩이 두피에 남지 않도록 잘
   헹군 후 자연 바람으로 말린다.

Makeup & Hair

헤어롤로 느슨하게 말아서 자연스럽게 연출하는

층진 머리 손질법

머리에 층을 내 놓으면 아침마다 층들이 제각기 놀아 지저분해 보인다. 층이 안쪽이나 바깥쪽을 향하도록 머리끝에 자연스러운 컬을 만들어주면 한층 정돈된 느낌이 든다. 아침 일찍 일어나서 세팅기나 헤어아이론으로 머리카락을 말면 되지만, 몸이 맘먹은 대로 따라주지 않는다. 그렇다면 사용법이 간단하고 짧은 시간에 스타일을 만들 수 있는 열전도 헤어롤을 사용해서 화장과 아침식사를 하면서 머리 끝에 자연스러운 컬을 만들어보자.

Step 1. 세수를 하고 나서 바로 머리카락을 크게 4등분한다. 이때 머리 길이를 고려해서 짧은 머리는 짧은 머리끼리, 긴 머리는 긴 머리끼리 나눈다.

Step 2. 큰 사이즈의 열전도 헤어롤로 머리카락 끝부분을 안쪽으로 한 바퀴 반 정도 말아준다. 헤어드라이어를 흔들면서 롤에 온풍을 5초 정도 쐬어준다. 이제 그대로 화장이나 아침식사를 한다.

롤을 세로로
감아주는 것이
포인트♪

머리를 앞쪽으로
잡아당긴 다음 롤에
한 바퀴 반 정도
감는다.

Step 3. 외출하기 직전에 롤을 빼낸다. 컬이 생긴 머리카락을 앞쪽으로 잡아당기면서 세로로 말아서 손가락으로 배배 꼬아준다.

Step 4. 탄력을 유지하는 헤어스프레이를 한 번 뿌린다. 머리카락을 아래에서 위쪽으로 매만지면서 자연스럽게 훑는다.

Step 5. 머리카락 끝에 왁스를 약간만 발라준다.
헤어아이론이나 별다른 도구 없이도 층진 머리를 단정하고 여성스럽게 정리했다.

 5 minutes Beauty Talk

두피도 피부!
머리빗도 화장품처럼 꼼꼼하게 고르고 깨끗하게 관리
누구나 하루에 한 번 이상은 사용하는 머리빗. 머리빗은 단순히 엉킨 머리카락을 정리하는 도구가 아니라 두피 관리의 첫걸음이다.

두피의 특성에 맞는 머리빗 선택
두피에 피지가 과다하게 분비되면 미생물이 번식해 가려움과 염증을 유발한다. 그래서 지성 두피는 각질과 피지를 조절해서 두피를 청결하게 관리하는 것이 중요하다. 도끼빗처럼 틈새가 넓은 빗과 두피와 모발의 유분을 흡수하는 돼지털(돈모)로 된 천연 브러시를 사용하는 것이 좋다. 건조한 건성 두피는 두피에 자극을 주는 빗질을 삼가야 한다. 나무 재질로 된 끝이 뭉뚝한 빗이 좋고, 정전기가 많이 생기는 플라스틱 빗은 적합하지 않다.

지성 두피이면서 염증이 있는 지루성 두피는 두피에 마찰과 자극을 줄일 수 있는 빗을 사용해야 한다. 빗 사이 간격이 넓고 끝이 둥근 빗을 사용하되, 빗이 두피에 닿지 않도록 조심스럽게 빗질해야 한다. 또 천연 소재보다는 사용 후 세척이 편리한 플라스틱으로 만든 빗이 더 적합하다.

머리빗도 칫솔처럼 청결하게 관리

매일 사용하는 머리빗에는 머리카락, 두피에서 묻어나온 기름기, 헤어 스타일링 제품 등이 묻어 있기 마련이다. 이런 빗으로 머리를 빗으면 깨끗하게 감은 머리를 더럽히게 된다.

머리빗을 세척하는 가장 쉬운 방법은 샴푸를 푼 물에 10분간 담근 후 물로 헹구는 것이다. 천연제품은 주 1회 정도 세척하며, 빗살 사이가 더러워졌을 경우는 칫솔 등을 이용해 때를 제거하고 마른 수건으로 닦아 건조시킨다. 비듬이 있다면 락스를 한 방울 떨어뜨린 물에 잠시 담가두면 비듬균을 비롯한 모든 세균이 사라진다.

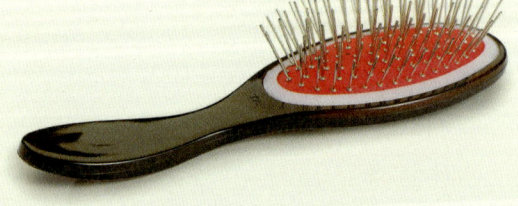

52

Makeup & Hair

출근준비 시간을 단축하는

수건으로 하는 즉석 드라이법

1초도 허투루 쓸 수 없는 출근준비 시간. 출근준비 중 많은 시간을 차지하는 일은 머리를 감고 말리는 일이다. 저녁에 머리를 감고 자면 아침이 좀 여유로울 수 있지만, 자고 일어나면 뻗쳐 있는 머리를 복구하는데도 시간이 만만치 않게 걸린다. 초스피드로 머리를 말리는 테크닉을 알고 있으면 바쁜 아침이 조금은 여유로워질 수 있다.

머리를 감은 뒤에 평소처럼 수건으로 물기를 닦아낸다.

이어서 새로운 수건을 꺼내서 모근 쪽 물기를 닦으면서 헤어드라이어 바람을 쐰다.

"에게! 겨우 그거야?" 하고 생각할지 모르겠지만 모근 쪽의 물기를 닦아내면서 말리면 머리를 훨씬 빨리 말릴 수 있다. 말리는 순서는 두피에서 머리카락 순이다. 머리카락 끝만 마르고 모근 쪽이 젖어 있으면 가려움증이나 머리카락 뻗침의 원인이 된다.

모근을 말릴 때는 여러 방향에서 바람을 보내자. 한쪽 방향에서만 말리면 가마의 영향으로 머리카락이 한쪽으로 뻗치게 된다. 또 뿌리가 곤두서면 자연스러운 볼륨감이 생겨난다.

드라이어 바람의 온도가 너무 세면 모발 속의 수분까지 건조시켜 뻣뻣하고 부스스한 머릿결이 되기 쉽다. 계속해서 뜨거운 바람으로만 말리는 것보다는 뜨거운 바람과 스타일을 고정시키는 차가운 바람을 번갈아 쐬어가며 말리는 것이 좋다.

Makeup & Hair

부스스한 폭탄 머리를 차분하게 가라앉히는
못난이 수건 감기

아침에 일어나면 머리가 완전 폭탄 맞은 꼴을 하고 있다. '드라이할 시간
도 없고 귀찮은데 그냥 이대로 출근해 버릴까?' 그러나 옷, 화장, 헤어스
타일 이 중 어느 것 하나라도 마음에 안 드는 게 있는 날은, 온종일 한시
라도 빨리 퇴근하고 싶은 맘뿐이다. 하루 종일 찜찜하게 있을 것이 아니
라, 수건과 물만 있으면 할 수 있는 '못난이 수건 감기'로 들뜰 대로 들뜬
머리의 볼륨을 순식간에 잠재워 버리자.

Step 1. 머리카락에 입자가 고운 스킨케어용 물 스프레이를 뿌려 가볍게
적신다. 입자가 고우면 그만큼 침투가 잘 된다. 물 스프레이가 없을 때는
생수를 분무해줘도 좋다.

Step 2. 얼굴이 보이도록 해서 앞머리만 남기고 수건을 머리부터 뒤집어
쓴다. 턱 밑에서 수건 끝을 고무줄로 묶으면 눈 깜짝할 사이에 '못난이
수건 감기' 완성!

이대로 화장을 하거나 아침식사를 하는 등 출근준비를 시작하면 된다.

외출하기 전에 수건을 벗으면 폭발 일보직전이던 머리가 자연스럽게 정리되어 있다. 수분이 수건 속에서 체온에 의해 부드러운 스팀으로 변해 자연스럽게 부스스한 머리를 착 가라앉혔다.

수건을 감고
아침식사나 화장을 하면서
머리가 가라앉기를
기다린다.

아벤느 온천수 스프레이

Best ★ 순해서 예민한 피부에도 좋네요. 분사력도 좋고 뿌리면 금방 시원해지는 게 세수한 것처럼 개운합니다.

So So ★ 물로 된 것이라 스킨에 비해 자극이 없어 좋지만, 뿌리고 나면 빨리 건조해지는 것 같아요.

트윈스켈프 2001 스트레이트 워터 쥬시 애플

Best ★ 가늘고 곱슬곱슬한 모발에 뿌리니 빳빳해지는 느낌이 들면서 머리가 펴지네요. 뿡 뜨던 머리가 윤기가 나면서 차분해집니다. 매직스트레이트를 한 머리에 사용하면 더 좋습니다.

So So ★ 양에 비해 가격이 비싸요.

루네휘테르 토뉘시아 토닝 샴푸

Best ★ 비싸긴 하지만 효과는 정말 좋아요. 탈모는 아니지만 모발이 얇고 숱이 없어서 엄청 고민이었는데, 이 제품 쓰고부터 모발에 힘이 생기고 굵어지는 게 느껴지네요. 향도 좋고 두피도 아주 상쾌합니다.

So So ★ 거품이 많이 나는 샴푸 쓰다가 이 제품 쓰면 적응 기간이 좀 필요합니다. 거품을 많이 내려고 1회 사용량을 늘리다 보면 가뜩이나 양이 적은 샴푸가 금세 바닥나요.

에비앙 워터 스프레이

Best ★ 향은 거의 없고 곱고 부드럽게 분사됩니다. 여름철 야외 활동할 때 뜨거워진 피부를 진정시키는데도 그만입니다.

So So ★ 화장품 브랜드의 미스트에 비해 좀 건조한 편입니다. 누썽이 직아시 열기 불편하네요.

리스킨 헤어 스타일 솔루션 스프레이

Best ★ 다른 스프레이보다 고정도 잘 되고 뿌린 후에도 머리가 뻣뻣해지지 않습니다. 기존 왁스나 스프레이 같은 헤어스타일링 제품들은 솔직히 머리 감을 때 미끈거리거나 빽빽한 느낌이 심해 몇 번이고 감곤 했는데 이 제품은 전혀 그런 게 없네요. 두피에 뾰루지가 나는 일도 없습니다.

So So ★ 저렴한 헤어스프레이 4통은 살 수 있는 비싼 가격이 단점입니다.

54

Makeup & Hair

비오는 날에도 가라앉거나 부슬거리지 않는

습기에 강한 머리

비오는 날. 외출해야 한다는 생각만으로도 우울한데 머리카락은 구불구
불 나풀나풀, 짧은 머리는 삐죽삐죽 사방으로 뻗쳐 있다. 모자라도 푹 눌
러쓰고 싶지만 회사에 그러고 갈 수도 없고⋯⋯. 현실적인 해결책을 찾
아보자.

이럴 때 추천하는 아이템이 광택 스프레이다. 제품명에 '샤인' 또는 '글
로스' 등의 단어가 포함된 것을 고르면 된다. 머리카락 전체에 뿌려주면
적당한 윤기와 힘이 생겨서 볼륨감을 유지할 수 있다.
또 삐죽삐죽 짧은 머리가 뻗쳤을 때는 스프레이를 뿌린 뒤에 손으로 가
볍게 쓰윽 매만지면 차분해진다.
이 스프레이의 좋은 점은 시간이 지나도 머리가 가라앉지 않는다는 점이
다. 부스스한 머리를 무조건 가라앉히려고 왁스를 바르면 습기와 섞여서
시간이 지나면 처덕처덕해지고 만다.
화보 촬영 현장에서도 머리카락이 가늘고 나풀나풀해지기 쉬운 외국인
모델에게 많이 사용하는 아이템이다.

Makeup & Hair

처진 얼굴을 감쪽같이 팽팽하게 만드는

머리카락 당겨 묶기

피로가 채 가시지 않은 아침, 평소보다 피부가 처져서 '설마 밤새 늙은 거야?'라고 놀란 적은 없었는가? 처진 피부에는 '아에이오우 마사지(33쪽)'도 좋지만, 효과가 단번에 나타나는 머리카락 당겨 묶기 기법을 사용해보자.

머리카락을 위로 끌어올림으로써 이어져 있는 얼굴 피부도 함께 끌어올리는 이 비법. 사실은 여배우들도 애용하는 비밀의 테크닉이다. 반 묶음 머리나 포니테일도 효과적이지만, 좀 더 화려하고 자연스럽게 연출하는 머리카락 당겨 묶기 기법을 소개한다.

Step 1. 귀 위쪽 5센티미터 정도에서 머리카락을 위아래로 나누고, 위로 나눈 머리카락을 집게핀 등으로 꽉 고정시킨다.

Step 2. 아래로 나눈 머리카락 중에서 귀 뒤쪽의 머리카락을 한 움큼 잡는다. 머리카락을 비스듬히 정수리 뒤쪽으로 잡아당겨 올려서, 눈꼬리나 뺨의 피부가 올라가는지 확인한다. 이 각도를 유지하면서 피부가 약간 당겨지는 느낌이 들도록 머리카락을 고무줄로 단단히 묶는다.

Step 3. 묶은 곳을 숨기듯이 위쪽으로 나누었던 머리카락을 내려주면 완성!

여기에 거꾸로 빗기(188쪽)나 층진 머리 손질법(207쪽) 등을 더하면 헤어 연출의 폭이 훨씬 넓어진다. 눈꼬리가 올라가면 평소보다도 인상이 샤프해 보이므로 얼굴 처짐의 대책뿐만이 아니라, 눈매를 강렬하게 보이게끔 하고 싶을 때도 추천하는 비법이다!

손상되고 후회하면 늦다!
'머리카락과 열'의 관계

머리카락도 화상을 입는다

헤어드라이어의 뜨거운 바람을 오랫동안 머리카락에 쏘이거나 고데기 온도를 너무 높게 설정해 사용하면 머리카락이 버슬버슬해지거나 나풀 나풀해지기 쉽다. 머리카락은 그 안에 있는 단백질이 높은 열에 응고돼 버리면 수분을 유지하는 힘이 떨어져버린다. 달걀프라이를 떠올리면 이해하기 쉽다. 물 같던 달걀흰자를 프라이팬에 올려놓으면 하얗게 굳어가 다가 시간이 많이 지나면 파삭파삭해져 버린다. 이런 현상이 머리카락 안에서도 일어난다. 이렇게 머리카락이 손상돼 버리면 어떤 열기구를 사 용해도 스타일이 제대로 나오지 않는다.

열에 의해 손상된 머리카락은 겉으로는 멀쩡해 보여도 속은 너덜너덜해 져 있는 경우가 많기 때문에 세심한 관리가 필요하다. 머리카락은 한 번 손상되면 원래대로 돌아오지 않는다.

고데기 온도는 140도 이하, 열을 가하는 시간은 5초 이내로 해야 한다. 또 젖은 머리에 사용하는 것은 금물이다. 반대로 드라이어는 머리카락이 살짝 젖어 있는 상태에서 사용해야 한다.

헤어스타일링 열기구를 사용할 때 이것만은 지키자!

화상에 주의하자!
고데기 온도는 140~190도까지 아주 고온으로 올라가기 때문에, 얼굴이나 귀, 목 등에 화상을 입을 우려가 있으므로 조심해서 사용해야 한다. 또 사용하고 난 다음에는 반드시 충분히 식힌 후에 정리하도록 한다.

초보자라면 손에 익을 때까지 연습을 하자!
고데기를 처음 사용하는 사람은 반드시 전원을 끈 상태에서 연습부터 하자. 머리를 마는 법에 익숙하지 않으면 화상뿐만 아니라 머리카락 손상의 위험도 있다. 익숙해질 때까지 여러 번 되풀이해서 연습할 것을 권한다.

젖은 머리에서는 사용하지 않는다!
머리카락이 젖은 상태에서 고데기나 스트레이트 아이론을 절대로 사용해서는 안 된다. 이것은 머리카락에 손상을 주는 위험한 행위다. 아무리 바빠도 사용할 때에는 반드시 머리를 말린 다음 사용하자.

머리카락을 구획지어 나눈 다음에 말자!
예쁜 컬을 만들기 위해서는 먼저 머리카락을 구획지어 나눈 다음에 말자. 귀찮다고 생각할지도 모르겠지만, 머리를 나누고 나서 컬을 만들어야 시간이 짧게 걸리고 좌우대칭도 잘 맞는다.

아침 5분 메이크업 & 헤어

초판 1쇄 발행 | 2011년 8월 5일
초판 2쇄 발행 | 2011년 12월 19일

지은이 | 니미 치아키
옮긴이 | 위정훈
발행인 | 정숙경
기획·편집 | 이건우, 김진만
표지디자인 | 강선욱
표지일러스트 | 고영희
본문일러스트 | 나카지마 가나
본문디자인 | 김수미
마케팅 | 정준영

펴낸곳 | 어바웃어북 about a book
출판등록 | 2010년 12월 24일 제313-2010-377호
주소 | 서울시 마포구 서교동 394-25 동양한강트레벨 1507호
전화 | (편집팀) 070-4232-6071 (영업팀) 070-4233-6070
팩스 | 02-335-6078

ⓒ 니미 치아키, 2010

ISBN | 978-89-965848-6-5   13590